cooking at home 01

TOA

KB118020

t

TOAST

─┤ 토스트 ├─

식빵과 바게트로 만든 76가지 맛

밀리 지음

taste BOOKS

보드라운 식빵을 뜯어서 그 위에 치즈를 살포시 얹습니다.
그리고 토스터에 살짝 녹여주세요.
치즈가 지글거리며 빵 위를 덮고 잠시 후 퍼지는 고소한 냄새…
입안 가득 침이 고입니다.

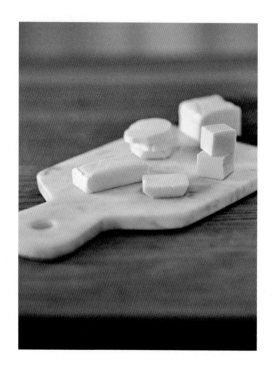

세상의 모든 버터는 빵과 만났을 때 더욱 아름다워집니다.
차가운 버터가 따스한 빵에 녹아들어
조밀한 입자 속으로 서서히 스며들면
더 이상 빵과 버터는 각각의 재료가 아니라
새로운 하나가 되지요.

잼과 스프레드는 빵을 화려하게 치장해줍니다.
딸기잼, 오렌지마멀레이드, 누텔라…
각기 다른 색과 향을 지닌 옷을 입으면
빵은 더욱 사랑스러워져요.

how to make it delicious

the perfect toast recipe 76

처음부터 푸드스타일리스트나 요리사가 되고 싶었던 것은 아니었습니다. 그저 요리하는 것이 즐거운, 음악을 공부하는 학생일 뿐이었어요. 초등학생 때는 합창단을 했고, 중고등학생 때는 음대 입시 준비를 했고, 대학생 때는 그 작은 사회가 전부라 여기며 실기 시험에 집중했습니다. 중간중간 스트레스를 풀기 위해 빵과 케이크를 굽는 것 정도가 요리의 전부였지요.

요리가 업이 될 것이라 생각한 적 없었던 제가 요리 공부를 시작한 것은 우연이었습니다. 음악은 더 이상 쳐다보기도 싫었던 때 요리를 무작정 배우기로 했습니다. 그리고 아는 사람 하나 없는 멜버른Melbourne이라는 도시에 저를 떨어뜨려 놓았습니다. 수년간 타지에서 많은 고생을 했지만 힘들지 않았습니다. 새로운 음식 탐닉에 빠져 있었고, 그 즐거

움에 힘든 일을 털어버리곤 했습니다. 음식으로 위로를 받은 셈입니다. 배우고, 먹어보니 직접 만들고 싶다는 의지가 생겼습니다.

음식을 만드는 과정을 셀 수 없이 반복했습니다. 파스타, 리조토, 피자, 스테이크, 스튜, 케이크…. 성공과 실패의 사이에는 토스트도 포함되어 있었습니다. 빵조각이라며 만만하게 생각했다가 버린 토스트가 얼마나 되는지. 한식을 응용한다며 김과 김치를 올려보고, 일식을 응용한다며 돈가스를 올려보기도 했습니다. 먹을 수 없는 음식이었어요. 물론 그때의 레시피는 이 책에 없으니 안심해도 됩니다.

멜버른에서 요리 학교를 졸업하고 제법 좋은 호텔에 취직을 했습니다. 정식으로 요리사가 된 것이지요. 이후 호텔 총주방장의 소개로 푸드스타일리스트의 길을 걷게 되었고, 몇 년 전 한국으로 돌아와 푸드스타일리스트 밀리라는 이름으로 일하고 있습니다. 어느덧 요리를 시작한 지 10여 년이 되었고 이렇게 첫 책을 내게 되었습니다. 아이러니하게도 요리 학교 시절 수없이 실패했던 애증의 토스트가 책의 주인공입니다.

〈토스트〉를 작업하며 제 자신을 돌아보게 되었습니다. 만약 한국으로 돌아오지 않았다면, 푸드스타일리스트 어시스트 기회를 거절했다면, 그 호텔에 취직하지 못했다면, 그 학교에 입학하지 않았다면, 멜버른에 가지 않았다면, 계속 음악을 하고 있었다면, 나를 위로해주는 일이 요리가 아니었다면, 그리고 엉터리 토스트를 수백 번 뱉어내지 않았다면 어떻게 되었을까. 사실 지금의 길은 정해져 있었는데 저만 몰랐던 것 같기도 합니다.

〈토스트〉는 식빵과 바게트를 활용해서 만드는 76가지 토스트를 소개하는 책입니다. 초급, 중급, 고급으로 구성되어 있어 요리 초보부터 요리 고수 모두에게 유용할 것입니다. 지난 10여 년을 집약한 저의 레시피가 담겨 있는 소중한 기록이기도 합니다. 이 책에서는 푸드스타일리스트 밀리의 스타일을 제안하지만 자주 펼쳐보고 따라하면서 자신만의 토스트 스타일을 만들기를 바랍니다.

Contents

--------------------| Part1 요리하기 전 |--------------------

재료 알기 ——— 22
빵/버터/잼과 스프레드

도구 알기 ——— 36
빵 조리 도구/빵 굽는 도구

빵 다루기 ——— 40
빵 굽기/빵 자르기/빵 보관하기

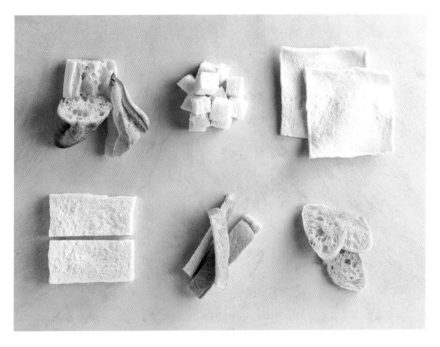

재료 알기

재료를 이해하면 토스트를 더 맛있게 만들 수 있습니다. 가장 기본인 빵, 그리고 빵을 더욱 맛있게 만들어줄 버터와 잼 등에 대해 알아봅시다.

---| 빵 |---

식빵pan bread

주재료는 밀가루이며 길고 좁은 직사각형 틀에 구운 식사용 빵을 말한다. 통밀, 호밀, 잡곡 등의 다양한 재료를 첨가해 만들기도 한다. 단단한 가장자리(크러스트)와 부드러운 속 부분으로 이루어져 있다. 영어로는 샌드위치로프sandwich loaf, 풀만로프pullman loaf, 팬브레드pan bread 등으로 부르며 프랑스어로는 팽드미pain de mie라고 부른다.

모양에 따른 구분

오픈탑식빵open top bread

영국식 식빵으로 알려져 있으며 덮개 없이 구워 빵이 부푸는 그대로 모양이 나온다. 빵의 윗면이 둥글게 솟아 있으며 먹음직스러운 갈색을 띤다. 하나의 틀에 2~3개의 반죽 덩어리를 넣고 구워 올록볼록한 모양이 되는 형태와 한 덩어리를 통으로 구운 원로프one loaf 형태가 있다. 압력을 가하지 않고 자연스럽게 부풀어서 가볍고 부드럽다.

큐브식빵cube bread

식빵의 미니어처 형태다. 정확한 정육면체의 모양의 풀만 형태와 오픈탑 형태, 두 가지 스타일이 있다.

풀만식빵pullman bread

미국식 식빵으로 알려져 있으며 식빵 틀에 덮개를 덮어 빵이 위로 부푸는 것을 막아서 사각형 모양의 식빵이 나온다. 오픈탑식빵은 빵이 구워지는 모습을 볼 수 있는 반면, 풀만식빵은 사방이 막혀 확인이 어렵기 때문에 반죽 양이 정확하지 않으면 꽉 찬 사각형이 만들어지지 않거나, 드물게는 반죽이 빵 틀을 비집고 나오기도 한다. 뚜껑을 덮어 누른 채로 굽기 때문에 오픈탑식빵보다 더 촘촘하며 쫄깃하다.

큐브식빵

오픈탑식빵

리치식빵

풀만식빵

호밀식빵

통밀식빵

데니시식빵

재료에 따른
구분

린식빵lean bread

당류나 유제품을 거의 사용하지 않고 물, 밀가루, 이스트를 기본으로 만든 식빵이다.

리치식빵rich bread

린 식빵과 반대로 당류와 유제품을 많이 사용한 식빵이다. 고소한 유제품의 향이 두드러지고 맛 또한 진하다.

호밀식빵rye bread

100% 호밀로 만들거나 적은 양의 밀가루를 섞어서 만든다. 일반 식빵보다 결이 촘촘하고 전체적으로 어두운 갈색을 띤다. 보통 캐러웨이씨caraway seed 라는 향신료를 넣어서 특유의 향긋함이 있으며 맛은 약간 시큼하다.

통밀식빵whole wheat bread

통밀을 갈아 만든 100% 통밀가루만을 사용하여 만든 식빵이다. 전통적으로 빵의 윗면에 통밀 부스러기를 뿌리고 굽는다.

데니시식빵danish bread

덴마크에서 전통적으로 만들어온 식빵이다. 페이스트리의 형태이며 마치 크루아상처럼 빵의 결이 겹겹이 살아 있다. 버터의 함유량과 열량이 매우 높은 편이다.

그 외 다양한 식빵

이외에도 다양한 종류의 식빵이 있다. 쌀, 현미, 귀리 등을 넣은 잡곡식빵, 건과일, 유제품, 견과류 등등 각종 재료를 넣은 식빵의 등장으로 소비자들의 선택지가 다양해졌다. 한국산업표준(KS)에서 지정한 식빵들과 각 재료의 정해진 함유량을 소개한다.

- 현미, 잡곡, 옥수수, 보리 등의 곡류 식빵은 밀가루 외의 곡류가 전 배합 대비 5% 이상 함유된 것.
- 우유 및 유제품 식빵은 우유, 버터, 분유, 치즈 등의 유고형분이 전 배합 대비 2% 이상 함유된 것.
- 난류 식빵은 달걀 및 난가공품이 생란 기준 전 배합 대비 15% 이상 함유된 것.
- 과실류 식빵은 건포도 등의 과실이 생물 기준으로 전 배합 대비 10% 이상 함유된 것.
- 견과 식빵은 밤 등의 견과가 생물 기준으로 전 배합 대비 5% 이상 함유된 것.

바게트baguette

길고 가는 원통형의 프랑스 빵으로 주재료는 밀가루, 물, 효모, 소금이다. 통밀, 호밀, 잡곡 등을 첨가해 만들기도 한다. 겉은 매우 바삭하고 속은 촉촉한 것이 특징이다. 종류는 크게 일반 바게트와 전통 바게트로 나뉜다. 일반 바게트와 전통 바게트의 가장 큰 차이점은 프랑스 법에 규정된 기준을 따르는 가인데, 전통 바게트는 반드시 프랑스 전통 밀가루를 사용해야 하고 손으로 성형해야 하며 여러 가지 까다로운 규정들을 지켜서 만들어야만 한다.

무게는 250g, 폭은 6cm, 길이는 60~65cm 정도가 평균이다. 바게트는 프랑스어로 '막대기'라는 뜻이며 빵의 모양에 따라 이름이 다르다. 럭비공 모양은 바타르batard, 링 모양은 쿠론couronne, 가늘고 긴 것은 피셀ficelle 등 그 종류가 매우 다양하다.

모양에 따른 구분	일반 바게트baguette	전통 바게트traditional baguette
	우리가 쉽게 접하는 끝이 둥근 형태의 바게트가 여기에 해당된다.	일반 바게트와 구별하기 위해 양 끝을 뾰족하게 성형한 바게트다.
드미바게트demi baguette	피셀바게트ficelle baguette	에피바게트epi baguette
길이와 무게가 일반 바게트 절반 정도다.	일반 바게트보다 훨씬 얇고 길다. 일반 바게트보다 빨리 마르기 때문에 바로 먹는 것이 좋다.	일반 바게트와 동일하게 성형한 후 가위집을 내어 나뭇가지처럼 만든 것이다. 프랑스어로 에피는 '이삭'이라는 뜻이며 에피바게트는 벼이삭과 닮았다.

브레드볼bread ball

공처럼 둥근 모양을 가진 바게트다. 바게트 속을 파내고 그 안을 수프로 채워넣는 요리에 주로 사용한다. 그릇이 빵이기 때문에 되직한 수프를 담는 것이 좋다.

브레드볼

곡물바게트

화이트바게트

에피바게트

반미바게트

전통 바게트

일반 바게트

재료에 따른
구분

곡물바게트grain baguette

겉면은 바삭하지만 속은 찰진 식감이 특징이며 어두운 갈색을 띤다. 생지에 다양한 곡류와 씨앗류를 섞기 때문에 포만감이 있다.

반미바게트bành mí baguette

베트남의 대표적인 길거리 음식인 반미샌드위치용 바게트다. 약 20cm 정도의 길이로 1인분 크기다. 반죽에 쌀가루가 들어가며, 프렌치바게트보다 크러스트가 훨씬 부드러워서 샌드위치로 먹어도 부담이 덜하다.

화이트바게트white baguette

겉면이 치아바타처럼 하얗고 부드럽다. 화이트바게트의 시초는 정확히 알려지지 않았지만, 미국의 한 빵집에서 딱딱한 프랑스 빵에 익숙하지 않은 손님들의 요구로 바게트를 조금 덜 구운 것이 시작이라는 이야기가 있다.

버터

버터butter

버터는 유지방을 80% 이상 함유하고 있는 식품으로 우유나 생크림 또는 발효크림을 처닝churning(우유나 크림을 일정한 속도로 계속 저어 버터를 만드는 과정)하여 만든다. 토스트나 샌드위치에 바르기도 하고 음식을 조리할 때, 소스를 만들 때, 베이킹을 할 때 등 다양하게 사용한다. 좋은 버터는 좋은 원료, 즉 좋은 우유나 크림을 사용하며 유기농우유나 초지방목우유로 만든 버터는 맛과 영양에 확실한 차이가 있다.

소금 함유에 따른 구분

무염버터unsalted butter

가장 일반적인 버터로 우유 또는 크림으로만 만들며 유지방을 80% 이상 함유한다. 거의 모든 요리에 사용되며 디저트를 만들 때는 반드시 무염버터를 사용해야 한다.

가염버터salted butter

소금이 첨가된 버터다. 요리를 할 때 가염버터를 사용한다면 소금의 양을 줄이는 것이 좋다. 제조사에 따라 소금의 함량이 다르기 때문에 염도를 미리 체크해야 한다.

제조 방식에 따른 구분

발효버터cultured butter

유러피안버터european butter라고도 부르며 맛이 진하고 약간의 산미가 느껴진다. 발효시킨 크림을 사용하여 만들고 일반 버터보다 유지방 함량이 5% 정도 높다. 프랑스에서는 흔하게 볼 수 있으며 무염과 가염으로 나뉘어 판매된다. 우리나라에서도 수입 발효버터를 구입할 수 있다.

정제버터clarified butter

버터를 약하게 가열하여 수분을 증발시키고 우유 찌꺼기를 분리시킨 깨끗한 상태의 버터다. 수분이 없기 때문에 일반 버터보다 유통기한이 길고, 타기 쉬운 우유 찌꺼기를 걸러냈기 때문에 발연점이 높아 센불에서 조리하는 요리에 적합하다.

스프레드spreadable butter

일반 버터와 식용유를 섞어 만든 버터로 냉장에서 보관해도 부드러운 질감이 유지된다. 요리나 베이킹용으로는 사용하지 않는다.

홈메이드 버터homemade butter

집에서도 버터를 만들 수 있다. 생크림을 블렌더나 믹서에 넣고 8~10분 정도 섞는다. 분리된 물을 버리고 기호에 따라 소금을 약간 넣고 섞는다. 조리용으로는 적합하지 않지만 스프레드용으로는 제격이다. 생크림과 버터의 중간 질감이며 일반 버터와는 다른 매력이 있다.

발효버터

스프레드

발효버터

가염버터

무염버터

무염버터

무염버터

가염버터

컴파운드 만들기

버터에 다른 식재료를 섞은 것으로 허브버터, 허니버터, 갈릭버터 등 종류가 무궁무진하다. 집에서도
손쉽게 만들 수 있다. 2주 정도 냉장보관이 가능하다.

허브버터

[재료]

무염버터 150g
허브잎 10g
(이탈리안파슬리, 타임,
오레가노, 딜 등)
마늘 다진 것 5g
레몬제스트 5g

[만드는 법]

1 버터는 상온에 30분 정도 두어 부드럽게 만든다.

2 허브잎은 곱게 다진다.

3 볼에 버터, 허브잎, 마늘, 레몬제스트를 넣고 골고루 섞는다.

4 유산지를 길게 뜯어 한쪽 끝에 3의 버터를 올리고 김밥을 말듯
이 돌돌 말아 원통형으로 만든다.

5 냉장고에 1시간 이상 보관한 뒤 먹는다.

유자버터

[재료]

무염버터 150g
유자청 60g

[만드는 법]

1 버터는 상온에 30분 정도 두어 부드럽게 만든다.

2 볼에 버터와 유자청을 넣고 골고루 섞는다.

3 유산지를 길게 뜯어 한쪽 끝에 버터를 올리고 김밥을 말듯이
돌돌 말아 원통형으로 만든다.

4 냉장고에 1시간 이상 보관한 뒤 먹는다.

유자버터

허브버터

잼과 스프레드

잼jam

잼 종류는 통칭해서 프리저브preserves라고 부르며 과일이나 채소를 어떻게 손질해서 어떤 방식으로 조리했는지에 따라 그 이름이 세분화된다. 우리가 흔히 말하는 잼은 프리저브의 한 종류이며 잼 외에 젤리jelly, 마멀레이드marmalade, 콩피confit, 처트니chutney, 컨서브conserve 등이 있다. 주로 스프레드 용도로 사용되며 샌드위치나 디저트를 만들 때나 치즈 플레이트, 디핑소스, 음료를 만들 때도 유용하다.

제조 방식에 따른 구분	젤리jelly	잼jam
	과일이나 채소 등의 즙과 당을 가열하여 만든 식품이다. 반고체 형태를 지닌다.	과육을 으깨어 당과 함께 졸여 만든다. 젤리보다 부드러운 질감이다. 최근에는 펙틴 대신 치아시드나 바질시드를 사용해 더 건강한 잼을 만들기도 한다.
마멀레이드marmalade	견과류버터nut butter	
시트러스류의 과일로 만들며 과육뿐 아니라 껍질까지 넣는다. 잼보다 젤리의 질감에 가깝다.	우리에게 익숙한 피넛버터부터 아몬드버터, 호두버터, 피스타치오버터 등 거의 모든 종류의 견과류로 만든다. 견과류가 가진 높은 지방 함유량 덕분에 곱게 갈면 버터처럼 부드러운 질감이 나온다.	

누텔라nutella

헤이즐넛스프레드라고도 알려져 있다. 초콜릿과 견과류를 섞은 것으로 달콤하고 고소해서 남녀노소 누구나 좋아하는 스프레드다. 헤이즐넛과 코코아가 주재료라고 생각할 수 있으나 팜유와 설탕이 50% 이상 함유되었기 때문에 너무 많은 양의 섭취는 자제하는 것이 좋다.

잼

무설탕 잼

밤스프레드

마멀레이드

피넛버터

카야잼

누텔라

미니잼

스프레드 spread

토스트에는 버터와 잼 외에도 머스터드, 마요네즈, 케첩, 페스토, 생치즈 등 다양한 종류의 스프레드가 사용된다. 다양한 스프레드는 토스트나 샌드위치 재료와 함께 전체적인 맛의 방향을 잡아준다. 또한 토스트 위에 올라가는 재료가 빵에 바로 닿아서 빵이 눅눅해지는 것을 방지하고 빵과 재료를 안정감 있게 붙이는 접착제 역할도 한다.

종류에 따른 구분

머스터드 mustard

크게 잉글리시머스터드, 디종머스터드, 홀그레인머스터드로 구분한다. 잉글리시머스터드는 튜머릭tumeric을 사용하며 다른 머스터드보다 노란색이 진하고 새콤하며 쓴맛이 특징이다. 디종머스터드의 가장 큰 특징은 버주스verjuice(덜 익은 포도로 만든 주스)라는 재료로, 디종머스터드 특유의 톡 쏘는 산미를 준다. 홀그레인머스터드는 알갱이가 살아 있고 브라운머스터드씨와 블랙머스터드씨를 섞어 사용하며 식초 대신 화이트와인으로 만든다.

크림치즈 cream cheese

우유와 크림이 주재료인 생치즈다. 빵의 스프레드나 디핑소스를 만들 때, 베이킹을 할 때 사용되며 새콤한 맛이 특징이다.

리코타 ricotta

유청이 주재료인 생치즈다. 주로 우유 또는 산양유로 만든다. 설탕, 과일, 허브, 향신료 등의 재료를 섞어 스프레드로 만들거나 디저트용 크림으로 사용한다. 샐러드, 파스타, 피자 등에도 유용하게 사용된다.

마스카르포네 mascarpone

크림치즈와 비슷하지만 유지방 함량이 훨씬 높다. 크림치즈보다 부드럽고 맛이 진하며 새콤한 맛은 덜하다. 크림치즈와 마스카르포네는 서로 대체할 수 있을 정도로 비슷한 성질을 가졌지만 마스카르포네가 더 부드럽기 때문에 마스카르포네 대신 크림치즈를 사용한다면 생크림을 조금 넣는 것이 좋다.

마요네즈 mayonnaise

달걀노른자, 식용유, 레몬즙(또는 식초)만으로 만드는 기본 스프레드다. 차가운 소스류와 드레싱에 빠질 수 없는 재료이며 머스터드, 허브, 피클, 고추냉이 등 다양한 재료를 넣어 또 다른 소스를 만들기도 쉽다.

머스터드

크림치즈

리코타

마요네즈

마스카르포네

홀그레인머스터드

도구 알기

토스트를 만들 때 갖춰두면 편리한 도구들을 소개합니다. 빵을 굽고 자르고 빵 위에 잼과 버터를 바르는 도구를 제대로 활용한다면 보다 쉽게 완성도 높은 토스트를 만들 수 있습니다.

빵 조리 도구

집게tongs

나무나 스테인리스스틸 소재가 일반적이다. 집게의 끝이 톱니처럼 생긴 제품은 빵에 흠집을 낼 수 있으므로 평평한 모양을 사용하는 것이 좋다. 일반 토스터를 사용할 때는 나무집게, 직화를 할 때는 스테인리스스틸 소재를 사용한다. 금속집게가 토스터 안쪽에 닿으면 불꽃이 튀거나 감전될 위험이 있다.

버터나이프butter knife

버터를 자르거나 빵 위에 스프레드를 바를 때 사용하는 도구다. 나무나 스테인리스스틸 소재가 많으며 버터를 쉽게 자르기 위에 한쪽에 톱니 모양의 날이 있는 제품도 있다.

잼나이프jam knife

날이 날카롭지 않고 둥근 편이며 테이블나이프보다 길이가 짧다. 버터나 잼을 고르게 잘 바를 수 있도록 한쪽 면이 더 넓다.

빵칼bread knife

빵을 쉽게 자를 수 있도록 날이 톱니 모양이라 부드러운 빵을 잘라도 뭉개지지 않는다. 보통 20cm 이상의 긴 날을 갖고 있다. 손잡이의 윗부분을 살짝 오목하게 만들어 빵을 끝까지 잘랐을 때 손가락 마디가 바닥에 닿는 것을 방지해준다.

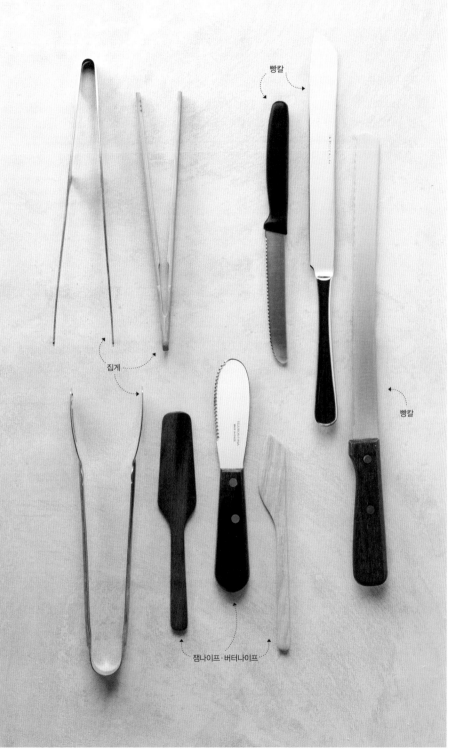

빵칼

집게

빵칼

잼나이프 · 버터나이프

빵 굽는 도구

토스터 toaster

넓은 의미에서는 빵을 굽는 도구를 말하며 일반적으로는 빵을 열선으로 고르게 굽는 가전제품을 칭한다. 가장 보편적인 형태는 팝업 토스터이며 슬라이스한 빵을 넣어서 굽는다. 다 구워지면 자동으로 빵이 튀어나온다. 간단한 요리가 가능한 오븐 토스터, 컨벡션 오븐 등 종류가 다양하다.

전기를 사용하는
방식

팝업 토스터 toaster

2구와 4구가 일반적이다. 빵의 표면이 고르게 구워지지만 스프레드를 바르거나 토핑을 올린 상태에서는 구울 수 없다.

컨벡션 오븐 convection oven

겉모습은 오븐 토스터와 비슷하지만 기계 내에 자체 팬이 있어 열을 고르게 분포시켜주고 조리 시간도 단축해준다. 문을 열면 온도가 급격하게 떨어진다는 단점이 있다.

오븐 토스터 oven toaster

온도와 조리 시간 조절이 가능한 토스터로 바게트, 크루아상, 베이글 등 다양한 종류의 빵 굽기가 가능하다. 빵 위에 토핑을 올려 함께 조리가 가능하여 오픈 토스트와 같은 다양한 레시피의 토스트를 만들 수 있다. 최근 "죽은 빵도 살려준다"는 입소문을 타며 발뮤다의 더 토스터가 큰 인기를 끌고 있다.

직화를 사용하는 방식

프라이팬frying pan

토스트를 할 때는 팬의 밑면이 무겁고 두꺼운 소재를 사용하는 것이 좋다. 열이 잔잔하게 퍼져 토스트가 골고루 익는다.

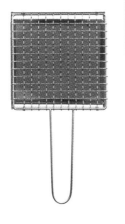

석쇠gridiron

바둑판 모양으로 정교하게 짜여진 스테인리스스틸 소재의 직화 구이 팬이다. 불 조절이 까다롭지만 잘 구우면 먹음직스러운 격자무늬 토스트를 만들 수 있다.

그릴팬grill pan

주물 소재의 그릴팬을 사용한다. 표면을 고르게 익힐 수 있으며 잘 구우면 여러 개의 선이 표면에 나타나 더욱 먹음직스럽다.

포르투갈 직화 팬
Portugal chestnut pan

팬 바닥에 구멍이 송송 뚫려 있어 군밤 굽는 팬과 모양이 비슷하다. 팬 바닥에 있는 미세한 구멍에서 서서히 열이 올라와 넓게 퍼지며 둥근 모양을 낼 때 유용하다.

빵 다루기

조리법에 따라 빵의 종류나 굽는 방법을 달리하면 보다 맛있는 토스트를 만들 수 있습니다.
빵을 굽고 자르고 보관하는 등 요리하기 전에 알아두어야 할 빵 관리법에 대해 소개합니다.

빵 굽기

굽는 법how to toast

빵은 구입 즉시, 신선한 상태에서 먹는 것이 가장 좋고 하루 이틀이 지나면 수분이 손실되어 구워먹는
것이 맛있다. 빵을 굽더라도 영양의 손실은 거의 없으니 안심해도 된다.

레어rare

표면만 살짝 바삭해진 상태. 색이 별로 나타나지
않아 거의 구워지지 않은 상태 같다. 빵을 데워
먹는 정도를 원할 때 적당한 굽기로 전체적으로
촉촉함을 유지하고 있다. 상온에 두어 부드러워
진 버터를 발라야 한다.

미디엄레어medium rare

표면이 살짝 노릇한 상태. 빵 겉면의 수분은 증발
했으나 속은 아직 촉촉한 상태다. 조금 질긴 식감
을 원할 때 적당한 굽기다. 빵의 겉면이 충분히
단단하지 않아 차가운 덩어리 버터를 바르기에
는 적당하지 않다.

미디엄medium

가장 많이 활용하는 굽기 정도다. 노릇한 색이 전
체적으로 퍼진 상태로 겉은 바삭하고 속은 살짝
부드러움이 남아 있다. 어떤 요리에나 어울리며
특히 샌드위치용으로 좋다. 버터가 부드럽게 발
리지만 차가운 버터를 올리면 완전히 녹지는 않
는다.

웰던well done

오랫동안 구워서 고소한 맛과 단맛이 강하고 속
까지 바삭한 상태다. 버터나 잼만 곁들일 때 추천
하는 굽기 정도다. 바로 먹지 않고 접시에 오래
올려두면 빵의 열기 때문에 그릇과 빵 사이에 수
분이 생겨 금방 눅눅해진다.

레어

미디엄레어

미디엄

웰던

도구 사용법 how to use tools

토스터를 사용할 때는 제품마다 크기가 다르기 때문에 빵의 크기와 두께를 잘 확인해야 한다. 빵이 여유 있게 들어가는 정도가 가장 좋다. 너무 딱 맞게 들어가면 빵이 안쪽 틀 안에 붙어 빵을 꺼낼 때 상처가 나기 쉽다. 또한 틀 안에 붙은 빵 부스러기가 타서 눌어붙기 때문에 다음에 빵을 구울 때 맛에 영향을 준다. 두꺼운 빵을 굽고 싶다면 오븐 토스터를 사용하는 것이 낫다.

직화로 빵을 구울 때는 팬에 버터를 녹인 후 굽는 방식이 있고, 마른 팬에 먼저 구운 후 버터를 바르는 방식이 있다.

토스터로 굽기

토스터는 굽기 정도가 숫자로 표시되어 있다. 미디엄레어는 1~1.5, 미디엄은 2~3, 웰던은 4 또는 그 이상으로 맞추면 된다. 제품마다 온도와 시간, 구워지는 정도가 달라 늘 같은 결과물을 내기 어렵기 때문에 여러 차례 사용해보고 익히는 것을 추천한다.

오븐 토스터로 굽기

토스트 모드가 따로 세팅되어 있는 제품이라면 각 단계에 맞춰 버튼을 설정한다. 일반적으로 레어는 1분, 미디엄은 2분, 웰던은 2분 30초~3분 정도가 적당하다. 온도를 설정한다면 200℃로 예열한 뒤 미디엄레어는 1분 30초, 미디엄은 2분 30초, 웰던은 약 3분 정도 가열하면 된다. 오븐 토스터 역시 제품마다 다르기 때문에 사용하면서 굽기 정도와 시간을 체크하는 것이 좋다.

프라이팬으로 굽기

팬을 약불로 달군 다음 빵을 올린다. 이후 중불에서 한 면당 2~3분 정도 굽는다.

그릴팬으로 굽기

중불로 달군 다음 빵을 올린다. 1분 정도 구운 뒤 빵을 지그시 누르며 1분~1분 30초 정도 더 굽는다. 뒤집어서 같은 방법으로 반대쪽 면을 굽는다.

석쇠로 굽기

석쇠에 빵을 올리고 약불로 굽는다. 한 면을 각각 2~3분 정도 굽는다. 직화이기 때문에 잠시 한눈판 사이에 빵이 탈 수도 있으니 주의한다. 굽는 동안 빵이 움직이지 않도록 한다.

포르투갈팬으로 굽기

석쇠와 같은 방법으로 굽는다. 팬의 손잡이까지 열이 퍼지므로 오븐용 장갑이나 마른 행주로 감싸서 잡는다.

빵 자르기

식빵 자르는 법 how to cut pan bread

식빵을 자를 때는 톱니 모양의 칼날 덕분에 깔끔하게 잘리기 때문에 빵칼을 쓰는 것이 좋다. 갓 구운 따뜻한 빵은 너무 부드러워서 빵칼로도 깔끔하게 잘리지 않으니 식은 뒤에 잘라야 한다. 식빵을 어떻게 자르는지에 따라 전혀 다른 느낌의 토스트가 되기 때문에 빵을 잘 자르는 것이 무척 중요하다.

용도에 맞는 모양으로 자르기

세로로 2등분, 대각선으로 2등분

샌드위치를 만들 때 많이 사용하는 방식이다. 먹기 편하고 토핑을 올렸을 때 내용물이 덜 흐른다. 빵을 먼저 구운 뒤 반으로 자른다.

4등분

아이 간식을 만들 때 추천하는 방식이다. 카나페를 만들 때도 사용한다. 주로 한입용으로 만들기 때문에 먼저 자른 다음 구워서 바삭한 단면이 많이 나올 수 있도록 한다.

칼집

두께가 있는 식빵에 칼집을 내면 속까지 골고루 익고 버터나 소스가 잘 스며들어 더욱 맛있는 토스트를 만들 수 있다. 디저트용 토스트를 만들 때 많이 사용하는 방법이다.

세로로 2등분

대각선으로 2등분

4등분

칼집

용도에 맞는 두께로 자르기

1cm

조금 얇은 두께. 카나페나 핑거푸드를 만들 때 적당하다.

1.5cm

가장 일반적인 두께. 버터토스트를 만들거나 각종 토핑을 올릴 때 좋다.

2.5cm

달걀물에 적시는 프렌치토스트나 빵 가운데 홈을 내어 다른 재료로 채울 때 좋은 두께다.

5cm

칼집을 내어 그 사이로 시럽이나 소스를 스며들게 하는 디저트류의 토스트에 알맞다.

바게트 자르는 법how to cut baguette

바게트를 구울 때는 슬라이스를 하는 경우가 많다. 주로 오픈 토스트 형태로 먹는데 이때는 빵의 두께가 중요하다. 두께에 따라 토핑 재료와의 식감과 맛의 밸런스를 맞출 수 있기 때문이다. 바게트는 표면이 무척 딱딱하므로 자를 때 다치지 않도록 주의해야 한다. 자른 후에는 밀봉하거나 천을 덮어서 마르지 않게 보관하는 것이 좋다.

용도에 맞는 모양으로 자르기	**슬라이스 또는 어슷하게 슬라이스**
	바게트를 자르는 가장 일반적인 방법이다. 브루스케타, 크로스티니를 만들 때 사용된다. 크기가 큰 타원형 모양의 브루스케타를 만들 때는 어슷하게 자르고, 크기가 작고 둥근 모양을 유지하는 크로스티니를 만들 때는 얇게 슬라이스한다.

끝을 자르기	**가로로 2등분**	**납작하게 펴기**
바게트의 끝을 잘라내고 쓰지 않는 경우도 많은데 이 부분을 미니 샌드위치처럼 만들어 활용하거나 속살을 파내고 내용물을 채우면 알뜰하게 사용할 수 있다.	바게트 피자를 만들기에 적합하다. 단, 일반 바게트는 너무 길어서 반으로 잘라 토핑을 올리는 등의 조리 과정이 힘들 수 있다. 그럴 때는 드미 바게트를 추천한다.	가로로 슬라이스할 때 완전히 분리시키지 않고 한쪽 면을 살려 마치 책을 펴듯 열 수 있게 자르는 방법이다. 바게트로 만들 수 있는 가장 넓은 면적에 최대한의 토핑을 올릴 수 있는 재미가 있다.

삼각형으로 자르기

가로로 슬라이스한 뒤 삼각형 모양이 되도록 대각선으로 자른다. 대각선의 각에 따라 길이를 조절할 수 있다. 작게 자르면 카나페를 만들기 좋고, 크게 자르면 오믈렛 등을 올리기 적당하다.

슬라이스

어슷하게
슬라이스

끝을 자르기

가로로 2등분

납작하게 펴기

삼각형으로 자르기

용도에 맞는 두께로 자르기

0.5cm

아주 얇은 두께로 바게트를 굽거나 튀기는 등의
요리를 하거나 바게트 칩을 만들 때 유용하다.

1.5cm

샐러드나 살사 등 가벼운 느낌의 토핑을 올리거나
샌드위치를 만들 때 알맞은 두께다.

2cm

고기나 해산물 등 비교적 무거운 느낌의 토핑을
올릴 때 적당하다.

3cm

두툼한 프렌치토스트를 만들거나 묽은 질감의
프렌치어니언수프 등에 토핑을 할 때 적합하다.

┤ **빵 보관하기** ├

식빵 보관법how to keep pan bread fresh

당일에 구운 신선한 빵을 구입했다면 당일이나 다음 날에 먹는 것이 좋다. 만약 식빵이 남았다면 냉동을 하는 것이 가장 좋으며 신선한 상태에서 냉동해야 해동 후에도 얼리기 전과 가장 근접한 빵을 먹을 수 있다. 구매 후 4~5일이 지난 다음에 냉동하면 해동해도 마른 빵이 된다. 식빵을 얼릴 때 가장 주의할 점은 반드시 잘 밀폐해야 한다는 것. 빵은 냉동실 안 다른 음식물의 냄새를 쉽게 흡수한다.

식빵이 남았을 때

한 번에 먹을 만큼 소분하여 냉동보관

냉동보관 시에는 밀폐형 비닐백에 빵을 완전히 겹치지 않은 상태로 담고 냉동한다. 냉동한 빵은 3개월 정도 보관이 가능하다.

얼린 식빵 해동법

빵의 두께에 따라 차이는 있지만 보통 상온에 10~15분 정도 두면 해동이 되고 바로 토스트를 만들 수 있다. 전자레인지에 해동하는 것은 추천하지 않는다. 해동이 되는 동시에 빵의 수분까지 날아간다.

바게트 보관법 how to keep baguette fresh

바게트는 보관이 까다롭기 때문에 구매한 뒤 바로 먹는 것을 추천한다. 시간이 지날수록 수분이 날아가 속살까지 딱딱해진다. 너무 많이 남았다면 빵집에서 포장해준 종이 포장지에 넣고 공기가 통하지 않게 입구를 테이프로 막는다. 그 상태로 그늘진 상온에 두면 2~3일 정도는 먹을 수 있다. 냉동하면 토스트에 사용할 수는 있지만 맛은 떨어진다.

바게트가 남았을 때

한 번에 먹을 만큼 소분하여 냉동보관
바게트를 슬라이스해서 한 번 먹을 양만큼만 밀폐형 비닐백에 넣거나 포일에 싸서 냉동한다. 냉동한 바게트는 3개월 정도 보관이 가능하다.

얼린 바게트 해동법
슬라이스된 바게트는 상온에서 10~15분 정도 그대로 둔 뒤 굽는다. 덩어리 바게트는 10분 정도 상온에 둔 뒤 200℃로 예열한 오븐에서 10분 정도 굽는다.

식빵

초급

버터, 잼, 달걀 등을 이용해
누구나 쉽게 만들 수 있는
레시피를 담았습니다.

버터토스트

—— butter toast ——

잘 구운 식빵 위에 부드럽게 녹아내리는 버터, 누가 이 버터토스트를 거부할 수 있을까요?
버터토스트는 무염버터보다 가염버터와 어울립니다. 토핑은 없지만 짭조름하고 부드러운
버터 한 조각이 주는 힘은 생각보다 강합니다. 무염버터밖에 없다면 토스트 위에 버터를 바
르고 질 좋은 소금을 아주 약간 뿌려주세요.

[재료]
버터식빵 1cm 2쪽
가염버터 30g

[만드는 법]
1 그릴팬을 약불로 달군다.
2 버터식빵을 그릴팬에서 3분 정도 구운 뒤 뒤집어서 반대쪽도 3
분 정도 굽는다.
3 구운 버터식빵 1쪽에 버터 15g을 골고루 바른다.

기름을 두르지 않고 굽는다

식빵은 마른 팬에 굽는 것이 좋다. 팬에 기름이나 버터를 바르면 식빵이 구워
지기 전에 기름이 타기 쉽다. 또한 완벽한 그릴 마크를 만들고 싶다면 인내심
을 가지고 빵을 지켜봐야 한다. 혹시나 하는 마음에 빵을 들었다 내려놓으면
지저분한 줄만 여러 개 생긴다.

허니버터토스트
—— honey butter toast ——

단맛과 짠맛의 오묘한 조화를 보여주는 토스트입니다. 밥을 먹으면 디저트가 먹고 싶고, 디저트를 먹으면 짠 것이 먹고 싶은, 끝나지 않는 욕구를 한번에 해결해주지요. 다 녹지 않은 버터와 꿀이 빵 사이사이에 자리잡은 두툼한 토스트 한 조각을 입에 넣으면 눈이 저절로 감깁니다. 실온에 두어 부드러워진 버터를 둥글게 떠서 올리면 마치 아이스크림을 올린 것 같아 더 예뻐요.

[재료]
우유식빵 5cm 1쪽
가염버터 50g
꿀 30g

[만드는 법]
1 우유식빵은 윗면에서부터 2.5cm 정도까지만 칼집을 낸다. 가로로 ½지점에 1번, 세로로 ⅓지점마다 1번씩, 총 3번 칼집을 내 6등분한다.
2 자른 우유식빵을 오븐 토스터에 넣고 3분 정도 웰던으로 굽는다.
3 뜨거운 물에 담가놓았던 숟가락으로 실온에 둔 가염버터를 럭비공 모양으로 떠서 우유식빵 위에 올린다.
4 꿀을 골고루 뿌린다.

칼집은 너무 깊게 내지 않는다
칼집을 너무 깊게, 많이 내지 않도록 주의한다. 칼집이 많으면 그만큼 더 많은 양의 버터가 필요하고 식빵과의 비율이 맞지 않아 느끼할 수 있다. 또 칼집이 너무 깊으면 구울 때 빵이 벌어져 모양이 유지되지 않는다. 오븐 토스터가 없다면 오븐을 180℃로 예열한 후 5분 정도 굽는다.

프렌치토스트
—— french toast ——

요리에 달걀이 들어가면 더 고소하고 더 든든한 느낌이 듭니다. 이런 달걀이 식빵과 만난다면 어떨까요? 그 대표적인 메뉴가 바로 프렌치토스트입니다. 겉은 노릇하고 바삭하면서 속은 달걀 반숙처럼 진득하고 부드럽지요. 식빵만 먹었을 때 아쉬운 부분을 보완해주는 것은 물론 취향에 따라 다양한 토핑을 뿌려도 완벽하게 어울리는 훌륭한 메뉴입니다.

[재료]
우유식빵 2.5cm 2쪽
달걀 3개
우유 100ml
설탕 15g
소금 5g
버터 30g

[만드는 법]
1 믹싱볼에 달걀, 우유, 설탕, 소금을 모두 넣고 거품기로 골고루 섞는다.
2 1의 달걀물에 우유식빵을 적신다. 달걀물이 빵 속까지 완전히 스며들도록 한 면당 1분 정도 충분히 담가둔다.
3 팬을 약불로 달군 뒤 버터 15g을 녹이고 준비한 우유식빵 1쪽을 올린다. 한 면당 4~5분 정도 노릇하게 굽는다.
4 대각선으로 잘라 접시에 담는다.

식빵은 달걀물에 골고루 적신다
프렌치토스트를 만들 때는 식빵에 달걀물이 잘 스며들었는가가 무척 중요하다. 충분히 적셔지지 않은 빵을 구우면 질긴 듯한 빵의 식감이 남는다. 반으로 잘랐을 때 단면이 완벽하게 달걀로 덮여 있다면 성공적인 프렌치토스트를 완성한 것이다. 조금 마른 식빵에 달걀물을 적시면 덜 흐물거려서 다루기가 쉽다. 하지만 표면이 말랐기 때문에 달걀물에 더 오래 담가두어야 한다.

길거리표 달걀토스트
—— street style egg toast ——

한동안 선풍적인 인기였고 지금도 꾸준히 인기 있는 토스트 메뉴입니다. 저도 이른 아침에
줄을 서서 먹었던 기억이 있어요. 신선한 채소를 넣은 두툼한 달걀부침에 케첩, 설탕을 뿌린
길거리표 달걀토스트! 집에서 만들 때는 조금 더 건강하게 만들어볼까요? 든든한 아침 메뉴
로 제격입니다.

[재료]

버터식빵 1.5cm 2쪽
양배추 20g
적양배추 20g
당근 20g
쪽파 3줄
달걀 3개
우유 50ml
소금 5g
버터 20g
케첩 30g
설탕 10g

[만드는 법]

1 버터식빵을 오븐 토스터에 넣고 2분 정도 미디엄으로 굽는다.
2 양배추와 적양배추는 채 썰고 당근은 굵은 강판에 간다.
3 쪽파는 0.5cm 길이로 송송 썬다.
4 볼에 달걀, 우유, 손질한 채소, 소금을 넣고 골고루 섞는다.
5 팬을 중불로 달군 후 버터 10g을 녹이고 4의 달걀부침을 한
   국자 떠서 올린다. 불을 중약불로 조절한 뒤 앞뒤로 2분 정도
   노릇하게 굽는다. 같은 방법으로 1개 더 만든다.
6 구운 버터식빵 위에 달걀부침 1개를 얹고 케첩과 설탕을 뿌린다.

달걀부침은 중약불로 속까지 익힌다
달걀부침에는 양배추와 당근 등의 채소가 들어가기 때문에 센불로 익히면 표
면만 진해지고 속까지 익지 않는다. 채소까지 익도록 중약불에서 4분 이상 굽
는다.

잼토스트

—— jam toast ——

빵과 버터가 한 몸 같은 존재라면, 잼은 옷과 같아요. "옷이 날개"라는 말처럼 맛있는 잼은 빵을 더욱 매력적으로 만들어줍니다. 빵과 버터 위에 다른 잼이 올라갈 때마다 다른 빵을 먹는 것 같아요. 냉장고가 잼으로 가득해지지만 보는 것만으로도 마냥 흐뭇하니 멈출 수가 없네요!

[재료]

우유식빵 1.5cm 4쪽
버터 30g
딸기잼 60g

[만드는 법]

1 우유식빵을 토스터에 넣고 2분 정도 미디엄으로 굽는다.

2 구운 우유식빵 1쪽에 버터 15g을 골고루 바른다.

3 다른 1쪽의 우유식빵에 딸기잼 30g을 바르고 버터를 바른 식빵과 겹친 뒤 2등분한다. 나머지 우유식빵 2쪽도 같은 방법으로 만든다.

버터를 먼저 충분히 바른다

잼토스트를 만들 때는 먼저 버터를 충분히 바른다. 버터를 가운데만 대충 바르면 가장자리 부분이 맛없어진다. 잼은 취향에 따라 섞어서 사용해도 된다. 베리류, 시트러스류, 달콤한 과일잼 (무화과, 사과, 살구, 복숭아 등)을 섞어서 색다른 나만의 잼을 만들면 더욱 맛있다.

치즈토스트
—— cheese toast ——

슬라이스치즈를 즐겨 먹는 편은 아니지만 치즈토스트만큼은 슬라이스치즈가 잘 어울립니다. 얇은 치즈가 살짝 녹아 식빵에 눌어붙으면 그 어떤 치즈를 올렸을 때보다 맛있어요. 어릴 적 엄마는 치즈토스트를 만들 때 슬라이스치즈를 타기 직전까지 익혀주셨는데, 그 추억의 맛을 재현해보았어요.

[재료]

우유식빵 1.5cm 2쪽
버터 20g
슬라이스치즈 3장
파슬리가루 약간

[만드는 법]

1 우유식빵을 토스터에 넣고 1분 30초 정도 미디엄레어로 굽는다.
2 구운 우유식빵 1쪽에 버터 10g을 골고루 바른다.
3 버터를 바른 우유식빵 위에 슬라이스치즈 1½장을 올리고 오븐 토스터에서 3분 정도 구워 치즈를 녹인다.
4 파슬리가루를 뿌린다.

식빵 크기에 맞게 치즈를 올린다
식빵 1장에 치즈 1장이라는 고정관념을 버리고 식빵 크기에 맞게 치즈를 잘라 올린다. 빈 공간 없어야 더욱 맛있다. 간혹 치즈토스트를 만들 때 전자레인지를 사용하는데, 치즈가 빨리 녹지만 식빵의 수분이 날아가기 때문에 빵이 질겨진다. 조금 번거롭더라도 오븐 토스터나 오븐을 사용하는 것이 좋다.

초급

말차토스트
—— matcha toast ——

요즘 인기인 말차가루를 이용한 색다른 토스트입니다. '단짠'만큼 중독성 있고 마니아층이
강한 맛이 바로 '단쓴'(단맛과 쓴맛의 조화)입니다. 서양의 '단쓴' 재료인 시나몬에 뒤지지 않는
동양의 말차는 식빵과도 잘 어울리지요. 연하게 우려낸 어린잎 녹차와 함께 먹으면 그 잔향
을 오래 즐길 수 있어요.

[재료]

버터식빵 1.5cm 2쪽

말차버터

· 버터 30g

· 설탕 25g

· 말차가루 2g

[만드는 법]

1 실온에 둔 버터와 설탕, 말차가루를 볼에 넣고 골고루 섞어 말
  차버터를 만든다.

2 버터식빵 1쪽에 말차버터의 반을 듬뿍 바른다.

3 버터식빵을 오븐 토스터에 넣고 2분 30초 정도 굽는다.

말차버터는 거칠게 섞는다
보통 버터와 설탕을 섞을 때는 설탕을 완전히 녹이지만, 이 토스트는 설탕 결
정을 함께 구워서 바삭한 식감을 만드는 것이 특징이므로 말차버터의 설탕이
완전히 녹지 않도록 주의하며 섞는다.

햄루콜라토스트
—— ham and rucola toast ——

호주에서 유학을 할 때 단지 살기 위해 먹었던 음식들이 몇 가지 있습니다. 그중 하나가 바로 햄토스트입니다. 식빵에 버터도 바르지 않고 햄만 몇 장 올려서 먹곤 했는데 더 이상 지겨워서 먹기 싫어지면 딱 한 가지 재료를 추가해서 먹었어요. 라즈베리잼, 머스터드, 사과, 치즈, 토마토소스… 수많은 시도 끝에 찾은 최고의 조합은 바로 루콜라였지요. 몇 장의 잎만 올려도 마치 고급스러운 샐러드를 먹고 있다는 착각이 들 정도로 맛있습니다.

[재료]
현미식빵 1.5cm 2쪽
버터 10g
루콜라 10줄기
샌드위치햄 8장
올리브유 15ml
후추 약간

[만드는 법]
1 현미식빵을 오븐 토스터에 넣고 2분 정도 미디엄으로 굽는다.
2 구운 현미식빵 1쪽에 버터 5g을 골고루 바른다.
3 현미식빵 위에 햄을 4장씩 접어서 얹은 뒤 루콜라 5줄기를 올린다.
4 올리브유와 후추를 뿌린다.

햄은 삼각형 모양으로 접어서 올린다
햄을 반으로 접은 뒤 삼각형 모양으로 접어서 식빵 위에 올린다. 햄을 접어서 올리면 더욱 먹음직스럽고 식감 또한 달라진다. 납작하게 올렸을 때보다 겹겹이 접어서 올렸을 때 햄의 풍성한 맛을 잘 느낄 수 있다.

오이토스트

—— cucumber toast ——

오이는 유난히 더웠던 이번 여름에 가장 고마운 재료였습니다. 살사, 카나페, 냉국, 샐러드 등 어떤 요리에나 오이를 얹어서 시원하게 즐길 수 있었어요. 결국 토스트에도 올리게 되었죠. 간단하고 시원한 이 토스트는 여름에 더 맛있습니다. 자칫 부딪칠 수 있는 오이와 식빵의 식감 차이를 크림치즈가 줄여주므로 두툼하게 발라주세요.

[재료]

통호밀식빵 1.5cm 2쪽
크림치즈 40g
오이 1개
딜 2줄기
올리브유 15ml
후추 약간

[만드는 법]

1 통호밀식빵을 오븐 토스터에 넣고 2분 정도 미디엄으로 굽는다.
2 구운 통호밀식빵 1쪽에 실온에 둔 크림치즈 20g을 골고루 바른다.
3 오이는 양 끝을 1cm 정도 잘라낸 다음 필러로 길게 저민다.
4 오이를 M자 모양으로 접어 통호밀식빵 위에 올린다.
5 딜을 올리고 올리브유와 후추를 뿌린다.

오이는 리본 모양으로 접는다
오이를 리본 모양으로 접으면 색다른 느낌을 준다. 리본 모양을 잘 잡으려면 두께가 중요하다. 오이가 두꺼우면 모양을 잡기가 어렵고 먹을 때 입안에서 겉돈다. 오이를 필러로 밀어서 저민 뒤 오이 껍질의 면적이 넓은 처음과 마지막 2장은 쓰지 않는 것이 좋다.

바나나꿀토스트
—— banana and honey toast ——

바나나는 사회성이 좋은 과일이에요. 언제 먹어도, 어떤 요리에 들어가도 전혀 어색함이 없어요. 늘 다른 재료를 돋보이게 하지만 막상 주인공이 되면 존재감이 대단합니다. 꿀도 바나나의 달콤함을 이기지 못하고, 시나몬도 바나나의 향을 덮지 못할 정도지요. 바나나의 달콤한 매력을 제대로 느낄 수 있는 토스트입니다.

[재료]
우유식빵 2.5cm 2쪽
리코타 50g
바나나 2개
헤이즐넛 10알
꿀 30g
시나몬가루 2g

[만드는 법]
1 우유식빵을 오븐 토스터에 넣고 2분 정도 굽는다.
2 구운 우유식빵 1쪽에 리코타 25g을 바른다.
3 바나나는 껍질을 벗기고 1.5cm 두께로 썰고 헤이즐넛은 굵게 다진다.
4 자른 바나나를 우유식빵 위에 높게 쌓아 올리고 헤이즐넛, 꿀, 시나몬가루를 뿌린다.

바나나는 층층이 쌓는다
바나나를 지그재그로 층층이 쌓으면 부피감과 재미를 더할 수 있다. 바나나 껍질을 미리 벗겼다면 사용하기 전까지 레몬즙을 탄 물(레몬즙 1:물 4)에 담가 둔다. 레몬즙을 바나나에 바로 바르거나 뿌리면 맛에 영향을 줄 수 있으므로 물에 섞어 사용한다.

아보카도토스트
—— avocado toast ——

요즘 가장 인기 있는 과일은 아보카도입니다. '버터프루트butter fruit'라는 별명이 있을 정도로 기름지고 고소한 맛이 특징이며 심지어 아보카도의 지방 성분은 몸에도 좋다고 합니다. 죄책 감 없이 마음껏 먹어도 되는 아보카도를 올린 토스트는 가벼운 식사로도 좋습니다.

[재료]

잡곡식빵 1.5cm 2쪽
아보카도 1개
레몬즙 ½개분
소금 약간
후추 약간

[만드는 법]

1 잡곡식빵을 오븐 토스터에 넣고 2분 정도 미디엄으로 굽는다.

2 아보카도를 2등분한 뒤 씨를 빼고 껍질을 벗긴 다음 0.2cm 두 께로 얇게 슬라이스한다.

3 아보카도를 유선형으로 구부려가며 조심스럽게 펼친다. 같은 방법으로 1개 더 만든다.

4 구운 잡곡식빵 위에 아보카도를 올리고 레몬즙, 소금, 후추를 뿌린다.

아보카도는 부채를 펴듯 펼친다

아보카도는 슬라이스한 상태에서 부채를 펴듯 조심스럽게 유선형으로 펼친 다. 아보카도가 자연스럽게 구부러지면서 겹겹이 포갠듯한 모양을 만들 수 있 다. 아보카도를 예쁘게 자르기 위해서는 적당히 익은 아보카도를 골라야 한다. 너무 딱딱하면 자르기가 어렵고 너무 말랑말랑하면 잘 으깨진다. 잘 익은 아 보카도는 껍질을 손으로 벗길 수 있는데 손으로 벗기면 표면이 훨씬 매끄러워 알뜰하게 사용할 수 있다.

토마토토스트

—— tomato toast ——

토마토와 올리브유는 최고의 궁합입니다. 익숙한 재료라서 '내가 아는 그 맛'이라고 생각하겠지만 먹어보면 의외의 중독성이 있어요. 바질잎이나 민트잎을 넣어 프레시한 향을 더해도 좋고, 다진 마늘을 넣어 알싸함을 즐겨도 좋습니다. 색다른 맛을 찾는다면 고추냉이와 쯔유를 넣어도 됩니다.

[재료]

통밀식빵 1.5cm 2쪽
버터 20g
방울토마토 30알
올리브유 20ml
레드와인식초 5ml
파슬리가루 약간
소금 약간
후추 약간

[만드는 법]

1 통밀식빵을 오븐 토스터에 넣고 2분 정도 미디엄으로 굽는다.

2 구운 통밀식빵 1쪽에 버터 10g을 골고루 바른다.

3 방울토마토를 가로로 2등분한다.

4 방울토마토, 올리브유, 레드와인식초, 파슬리가루, 소금, 후추를 볼에 넣고 골고루 버무린다.

5 구운 통밀식빵 위에 방울토마토를 듬뿍 올린다.

토마토와 올리브유는 최고의 궁합이다

토마토를 버무릴 때 나오는 토마토즙은 올리브유와 잘 어울린다. 여기에 레드와인식초를 더하면 상큼하면서 깊은 맛을 가진 소스가 된다. 남은 소스는 빵을 찍어먹거나 샐러드에 드레싱으로 활용해도 좋다.

중급

간단한 조리법으로 멋지게 만들 수
있는 메뉴입니다. 가벼운 식사 대용이나
간식, 브런치로도 좋습니다.

달걀토스트
—— boiled egg toast ——

배가 고프면 종종 달걀을 삶아 먹습니다. 그러다 보니 소금을 찍어먹는 것을 벗어나 다양한 소스를 찾게 되었는데 간단하게는 케첩이 있고 간장과 참기름이 있었어요. 나중에는 명란과 와사비마요네즈 등을 곁들였고 시간이 많을 때는 처트니도 만들어 먹어보았습니다. 그러다가 머리를 스치는 흔하디흔한 재료들, 바로 올리브유와 와인식초였어요. 진한 달걀노른자가 올리브유와 와인식초를 촉촉히 머금는 순간을 보기 위해 이렇게 먼 길을 왔네요.

[재료]
현미식빵 1cm 2쪽
달걀 4개
화이트와인식초 5ml
올리브유 20ml
소금 약간
후추 약간

[만드는 법]
1 현미식빵을 토스터에 넣고 1분 30초 정도 미디엄레어로 굽는다.
2 냄비에 찬물과 달걀을 넣고 11분 정도 끓인 뒤 달걀을 찬물에 담갔다 건진다.
3 달걀이 완전히 식으면 껍질을 벗기고 길이로 4등분한다.
4 구운 현미식빵 위에 달걀을 올리고 화이트와인식초, 올리브유, 소금, 후추를 차례로 뿌린다.

삶은 달걀은 4등분한다
동그랗게 슬라이스하는 방법이 흔하게 느껴진다면 길이로 4등분한다. 적당한 크기의 웨지 모양 달걀이 된다. 칼을 뜨거운 물에 잠시 담갔다가 물기를 닦아내고 달걀을 자르면 단면이 깨끗하게 잘리고 달걀노른자가 칼날에 붙지 않는다.

중급

딸기생크림토스트
—— strawberry toast with whipped cream ——

딸기는 그 자체로도 맛있지만 생크림을 더하면 더욱 훌륭한 디저트가 됩니다. 딸기와 생크림을 토스트 위에 푸짐하게 올려서 근사한 디저트로 즐겨보세요. 달콤한 맛을 좋아한다면 바닐라에센스와 슈가파우더를 더해도 좋습니다.

[재료]
버터식빵 1.5cm 2쪽
딸기 12알
생크림 150ml
설탕 25g
바닐라에센스 2g
민트잎 4~5장
슈가파우더 약간

[만드는 법]

1 버터식빵을 토스터에 넣고 2분 정도 미디엄으로 구운 뒤 10분 정도 식힌다.

2 딸기는 꼭지를 떼고 길이로 얇게 슬라이스한다.

3 깨끗한 볼에 생크림, 설탕, 바닐라에센스를 넣고 크림이 단단해질 때까지 거품기로 휘핑한다.

4 버터식빵에 휘핑한 생크림을 충분히 올리고 딸기를 부채처럼 펴서 올린다.

5 민트잎으로 장식하고 슈가파우더를 뿌린다.

바닐라페이스트 넣어 향을 더한다
생크림을 휘핑할 때 바닐라페이스트를 넣으면 잡내가 없어지고 달콤한 풍미가 더해진다. 비싸고 보관이 어려운 바닐라빈이 부담스럽다면 바닐라페이스트나 바닐라에센스를 사용하자. 오랫동안 보관이 가능하며 맛도 제법 훌륭하다. 하지만 바닐라향은 인공적인 향이 강해서 추천하지 않는다.

중급

피넛버터토스트

—— peanut butter toast ——

피넛버터는 선입견 때문에 이미지가 나빠진 안타까운 식품입니다. 실제로는 탄수화물 함량이 낮고 단백질 함량은 높으며 아보카도와 같은 종류의 지방인 단일불포화 지방을 함유하고 있어요. 물론 식품첨가물이 많이 들어가지 않은 제품에 한해서입니다. 피넛버터는 의외로 건과일과 잘 어울립니다. 잼 대신 건과일을 곁들이면 정제설탕이 들어가지 않으니 건강한 메뉴라고 할 수 있지 않을까요?

[재료]

버터식빵 1.5cm 2쪽
피넛버터 60g
무화과 말린 것 2개
블루베리 말린 것 20알
크랜베리 말린 것 14알

[만드는 법]

1 버터식빵을 토스터에 넣고 3분 정도 웰던으로 굽는다.
2 구운 버터식빵 1쪽에 피넛버터 30g을 골고루 바른다.
3 무화과는 0.3cm 두께로 슬라이스한다.
4 피넛버터를 바른 토스트 위에 무화과, 블루베리, 크랜베리를 올린다.

피넛버터는 가장자리부터 바른다

100원짜리 크기로 피넛버터를 덜어 빵의 상단 가장자리에 올린 뒤 버터나이프를 사용해 일정한 힘으로 바른다. 바로 밑에 같은 크기의 피넛버터 한 덩이를 올린 뒤 같은 방법으로 펴면 고르게 바를 수 있다. 네 덩이 정도면 빵 1쪽을 바를 수 있다. 피넛버터토스트에는 알갱이가 씹히는 크런치 타입이 아닌 부드러운 크리미 타입을 사용한다. 크런치 타입은 바르기 힘들 뿐만 아니라 건과일과 식감이 부딪칠 수 있다.

양송이토스트
—— button mushroom toast ——

향이 좋은 송이버섯은 생으로 먹어야 온전한 맛을 느낄 수 있듯이 때로는 다른 종류의 버섯
도 생으로 먹는 것을 추천합니다. 레몬, 양파, 버터가 힘을 보태면 양송이버섯은 수줍게 능
력을 보여줍니다. 부드러운 사과처럼 입안에서 툭 부서지면서 은은한 향과 맛을 오랫동안
전해주지요. 조금 거친 곡물식빵이나 잡곡식빵을 선택하면 더욱 맛있습니다.

[재료]
잡곡식빵 1.5cm 2쪽
버터 20g
양파 ½개
양송이버섯 4개
올리브유 15ml
소금 약간
후추 약간
파슬리가루 약간
레몬즙 ¼개분

[만드는 법]
1 잡곡식빵을 토스터에 넣고 3분 정도 웰던으로 굽는다.
2 구운 잡곡식빵 1쪽에 버터 10g을 골고루 바른다.
3 양파는 가늘게 채 썰고 양송이버섯은 0.2cm 두께로 슬라이스
   한다.
4 중불로 달군 팬에 올리브유를 두르고 양파를 5분 정도 볶고 소
   금, 후추로 간한다.
5 구운 잡곡식빵 위에 양송이버섯을 얹고 볶은 양파를 올린다.
6 파슬리가루, 후추, 레몬즙을 뿌린다.

양송이버섯은 양파와 잘 어울린다
양파는 단맛을 더해주어 은은한 맛의 양송이버섯과 잘 어울린다. 조금 더 신
선한 맛을 내고 싶다면 적양파를 생으로 사용해도 좋다. 적양파를 아주 얇게
슬라이스해서 양송이버섯 위에 올리면 아삭한 식감을 더해준다. 단, 생양파를
사용할 때는 반드시 찬물에 30분 이상 담가 매운맛을 뺀다.

단호박토스트
—— kent pumpkin toast ——

어릴 적 가을, 겨울이 되면 엄마가 고구마와 단호박을 쪄주시곤 했어요. 맛있게 먹었지만 아무래도 단호박은 구워야 더 맛있습니다. 잘 구운 단호박은 녹진함과 달콤함이 배가되지요. 여기에 허브를 더하면 그 향이 더욱 침샘을 자극합니다. 가을, 겨울에는 단호박토스트를 꼭 만들어보세요.

[재료]
통호밀식빵 2cm 2쪽
미니 단호박 1개
타임 3줄기
올리브유 30ml
소금 약간
후추 약간
버터 30g
꿀 10g

[만드는 법]
1 단호박은 반으로 갈라 씨를 제거한 다음 2~3cm 두께로 자른 뒤 유산지를 깐 베이킹 트레이에 올린다.
2 단호박 위에 타임을 얹은 뒤 올리브유, 소금, 후추를 뿌리고 180℃로 예열한 오븐에서 15분 정도 굽는다.
3 통호밀식빵을 오븐 토스터에 넣고 3분 정도 웰던으로 굽는다.
4 구운 통호밀식빵 1쪽에 버터15g, 꿀 5g을 차례로 바른다.
5 4의 통호밀식빵 위에 구운 단호박을 올리고 후추를 뿌린다.

허브를 구울 때는 줄기가 단단한 것을 사용한다
단호박에 올리는 허브는 취향에 따라 다른 허브를 선택해도 되지만 고온에 구울 것을 고려해야 한다. 바질이나 민트 같은 여린 잎 허브보다는 줄기가 튼튼한 타임이나 로즈마리를 사용하는 것이 좋다. 허브나 단호박의 색이 진해지지 않도록 단호박을 얇게 잘라서 조리 시간을 단축한다.

중급

깻잎페스토토스트
—— perilla pesto toast ——

향이 진한 잎채소나 허브에 견과류, 치즈, 올리브유 등을 넣고 으깬 것을 페스토pesto라고 부릅니다. 페스토는 '으깨진'이라는 뜻이며 어떤 재료든 으깨서 만들면 페스토가 되지요. 바질 페스토가 가장 유명하지만 색다른 맛을 내고 싶다면 우리에게 친숙하면서 향이 강한 깻잎을 사용해도 좋습니다. 독특한 향과 맛이 무척 매력적이랍니다.

[재료]
우유식빵 1.5cm 2쪽
토마토 1개
후추 약간
깻잎페스토
· 깻잎 45g
· 마늘 ½톨
· 올리브유 50ml
· 아몬드 8알
· 파르메산 간 것 30g
· 소금 약간
· 후추 약간

[만드는 법]
1 우유식빵을 토스터에 넣고 2분 정도 미디엄으로 굽는다.
2 토마토는 반달 모양으로 얇게 슬라이스한다.
3 깻잎은 2장만 남겨두고 마늘, 올리브유, 아몬드, 파르메산, 소금, 후추와 함께 블렌더에 곱게 갈아 페스토를 만든다.
4 남겨둔 깻잎 2장을 가늘게 채 썬다.
5 구운 우유식빵에 깻잎페스토를 바르고 토마토를 올린다.
6 채 썬 깻잎을 올리고 후추를 뿌린다.

깻잎은 돌돌 말아서 자른다
깻잎을 채 썰 때는 깻잎의 줄기를 가로로 놓고 돌돌 말아서 썰면 간편하다. 깻잎은 쉽게 마르기 때문에 사용하기 전까지 물에 살짝 적신 종이타월에 싸 놓으면 신선함을 유지할 수 있다.

무화과토스트
—— fig toast ——

무화과가 제철인 늦여름부터 가을까지는 입이 호사를 누립니다. 생과로, 주스로, 샐러드로, 그리고 토스트로 무화과를 즐기지요. 부드럽고 우아하면서 달콤한 맛이 매력적인 무화과에 짭조름한 살라미와 프로슈토를 곁들이면 고급스러워집니다. 제철에는 무화과를 아끼지 말고 통째로 올려보세요. 색다른 맛을 경험할 수 있습니다.

[재료]
잡곡식빵 1.5cm 2쪽
무화과 2개
살라미 4장
프로슈토 4장
올리브유 15ml
후추 약간

[만드는 법]
1 잡곡식빵을 토스터에 넣고 1분 30초 정도 미디엄레어로 굽는다.
2 무화과는 8등분한다. 끝까지 자르지 말고 아랫부분을 조금 남겨두어 꽃이 핀 것처럼 벌린다.
3 살라미는 가늘게 채 썬다.
4 구운 잡곡식빵 위에 살라미, 프로슈토, 무화과를 나눠 올리고 올리브유, 후추를 뿌린다.

아랫부분을 남겨두면 모양을 내기 쉽다

무화과를 끝까지 자르지 말고 아랫부분을 1cm 정도 남겨둔다. 칼집을 내지 않는 부분이 너무 짧거나 길어도 잘 펴지지 않으므로 칼을 천천히 넣어서 자른다. 무화과는 잘 상하기 때문에 과육에 상처가 나지 않도록 조심스럽게 다룬다. 상처가 난 무화과를 바로 먹지 않으면 다음 날 그 자리에 곰팡이가 핀다.

시금치블루베리잼토스트

—— spinach and blueberry jam toast ——

대학 시절에 엠티를 가면 아침은 늘 라면이었습니다. 누가 말하지 않아도 정해진 규칙 같은 것이었죠. 어느 날 그 규칙을 과감하게 깬 선배의 토스트가 아직도 생각이 납니다. 양상추, 달걀프라이, 슬라이스치즈(고다), 그리고 블루베리잼을 올린 토스트였지요. 그때는 블루베리잼이 흔하지 않아서 우리는 선배가 요리 천재라고 생각했어요. 그때의 토스트를 오마주했습니다. 비록 재료는 조금 다른, 제 방식으로 만든 추억의 메뉴이지만요.

[재료]

버터식빵 1.5cm 2쪽
버터 30g
블루베리잼 40g
고다 60g
시금치 2줄기
후추 약간

[만드는 법]

1 팬을 중불로 달군 뒤 버터식빵을 올리고 2분 정도 굽고 약불로 줄이고 뒤집어서 다시 2분 정도 굽는다.

2 구운 버터식빵 1쪽에 버터 15g을 바르고 블루베리잼을 20g 바른다.

3 고다는 0.3cm 두께로 슬라이스한다.

4 버터식빵 위에 시금치와 고다를 나눠 올린 뒤 오븐 토스터에 넣고 치즈가 녹을 때까지 4분 정도 굽는다.

5 버터식빵을 꺼내고 후추를 뿌린다.

버터를 두르지 않고 식빵을 굽는다

팬이나 그릴에 식빵을 구울 때는 기름이나 버터를 두르지 않는다. 버터를 두르면 식빵의 바삭함이 사라지고 눅눅해진다. 직화로 구울 때는 불 조절도 중요하다. 약불에 구우면 원하는 정도로 구울 때까지 시간이 오래 걸리고 센불에 구우면 빵이 채 익기도 전에 겉면이 타버린다.

중급

달걀토마토살사토스트
—— fried egg toast with tomato salsa ——

달걀과 베이컨의 조합은 그다지 새롭지 않아서 케첩을 뿌리거나 핫소스를 떨어뜨려도 그 맛이 좀처럼 변하지 않습니다. 그래도 손이 자주 가는 재료임에는 틀림없지요. 조금 더 재미있게 먹고 싶어서 살사를 활용해보았습니다. 가장 기본적인 토마토살사도 좋고 망고, 오이, 아보카도 등 다양한 재료로 살사를 만들어서 곁들여도 맛있어요.

[재료]
우유식빵 2cm 2쪽
버터 20g
달걀 2개
베이컨 4장
토마토살사
· 토마토 ½개
· 적양파 ⅛개
· 홍고추 ½개
· 고수 3뿌리
· 올리브유 15ml
· 레몬즙 ¼개분
· 소금 약간
· 후추 약간

[만드는 법]

1 우유식빵을 토스터에 넣고 3분 정도 웰던으로 굽는다.

2 구운 우유식빵 1쪽에 버터 10g을 골고루 바른다.

3 토마토, 적양파, 홍고추, 고수는 모두 잘게 다진 다음 볼에 넣고 올리브유, 레몬즙, 소금, 후추를 넣은 후 골고루 섞어 토마토살사를 만든다.

4 약불로 달군 마른 팬에 베이컨을 올리고 노릇해질 때까지 5~6분 정도 굽는다.

5 베이컨을 꺼내고 팬에 남은 베이컨 기름을 중불로 다시 달군 뒤 달걀프라이를 한다. 3분 정도 익혀 서니사이드업으로 만든다.

6 구운 우유식빵에 베이컨, 달걀프라이, 토마토살사를 올린다.

베이컨 기름에 달걀을 굽는다
베이컨을 약불에서 자주 뒤집으며 구우면 기름이 서서히 빠져나와 바삭하면서도 쫄깃한 베이컨이 된다. 서서히 나온 진한 베이컨 기름에 달걀을 구우면 소금간도 필요 없다. 달걀프라이의 익힘 정도는 서니사이드업sunny-side up, 완성된 후에 한 번만 뒤집어 달걀흰자만 익히는 오버이지over easy부터 달걀 노른자까지 완전히 익히는 오버웰over well까지 취향에 따라 조리하면 된다.

감자샐러드토스트
—— potato salad toast ——

감자샐러드는 언제나 정겹습니다. 옥수수, 양파, 삶은 달걀, 당근, 오이피클 등 어떤 재료와
도 잘 어울리지요. 특히 맛있는 조합은 베이컨을 더하는 것이에요. 여기에는 새콤한 맛의 사
워크림을 추천합니다. 대충 으깬 감자와 새콤한 사워크림이 만나 한입 크게 베어 물었을 때
느껴지는 맛! 푸근하면서도 이색적인 이 맛은 언제 먹어도 질리지 않아요.

[재료]
잡곡식빵 1.5cm 4쪽
베이컨 3장
감자 2개
쪽파 다진 것 1줄기분
사워크림 60g
설탕 5g
소금 약간
후추 약간

[만드는 법]

1 약불로 달군 팬에 베이컨을 올리고 자주 뒤집으면서 10~12분
정도 바삭하게 익힌다.

2 베이컨을 종이타월 위에 올려 기름을 빼고 식힌 뒤 잘게 다진다.

3 그릴팬을 중불로 달구고 잡곡식빵을 3~4분 정도 구워 그릴마
크를 만든 뒤 약불로 줄이고 뒤집어서 다시 3분 정도 굽는다.

4 감자는 끓는 물에 15~20분 정도 삶아 한김 식힌 다음 껍질을
벗기고 포크로 덩어리가 살아 있게 으깬다.

5 4에 다진 베이컨, 쪽파, 사워크림, 설탕, 소금, 후추를 넣고 골
고루 섞어 감자샐러드를 만든다.

6 구운 잡곡식빵에 감자샐러드 반을 올리고 다른 식빵으로 덮은
다음 대각선으로 2번 잘라서 삼각형 토스트 4개를 만든다. 같
은 방법으로 하나 더 만든다.

감자샐러드는 두툼하고 평평하게 올린다
토핑으로 올리는 감자샐러드는 최대한 두툼하게 올린다. 평평하게 만들지 않
으면 나중에 샌드를 할 때 식빵이 들떠서 잘 덮이지 않는다. 이때 스패출러를
사용하면 고르게 펴기 쉽다.

화이트소시지토스트
—— white sausage toast ——

화이트소시지는 프레시소시지라고도 부르며 재료의 맛이 그대로 느껴지는 소시지입니다. 허브, 레몬, 각종 향신료는 물론 고기의 맛도 고스란히 살아 있지요. 통째로 뜨거운 물에 데쳐도 되지만 한입 크기로 잘라서 구우면 먹기 편하고 더 맛있어요. 적은 양의 기름에 살짝 태우듯이 구우면 훈연의 향을 입힐 수 있고 신기하게도 허브 향이 더욱 두드러지면서 바질페스토와 완벽한 조화를 이루지요.

[재료]
통호밀식빵 2cm 2쪽
화이트소시지 2개
올리브유 10ml
바질잎 약간(장식용)
바질페스토
· 바질잎 50g
· 잣 볶은 것 10g
· 올리브유 50ml
· 파르메산 간 것 30g
· 소금 약간
· 후추 약간

[만드는 법]

1 통호밀식빵을 토스터에 넣고 3분 정도 웰던으로 굽는다.
2 분량의 바질페스토 재료를 블렌더에 넣고 곱게 간다.
3 화이트소시지는 1cm 두께로 어슷하게 자른다.
4 중불로 달군 팬에 올리브유를 두르고 화이트소시지를 4~5분 정도 굽는다.
5 구운 통호밀식빵에 바질페스토를 바르고 그 위에 구운 화이트소시지를 얹은 뒤 바질잎으로 장식한다.

구운 뒤 케이싱을 제거한다
화이트소시지는 케이싱(소시지 껍질)을 벗겨내고 먹어야 한다. 팬에 구운 뒤 토스트에 올리기 전에 케이싱을 제거한다. 전통적인 화이트소시지는 첨가물이 없고 다른 조리 과정을 거치지 않아 쉽게 상할 수 있으니 개봉 후에는 반드시 냉장보관하고 이틀 안에 먹어야 한다.

중급

콰트로치즈토스트
—— quattro cheese toast ——

네 종류의 치즈를 한데 섞어 토핑으로 올린 끈적하고 진득한 콰트로프로마주피자를 아시나요? 집에서 그런 피자를 먹고 싶을 때는 콰트로치즈토스트를 추천합니다. 모차렐라, 리코타, 파르메산, 고르곤졸라를 사용하지만 취향에 따라 다른 치즈로 대체해도 됩니다. 색의 조화를 위해 이 레시피에서는 파르메산 대신 레드 레스터를 사용했어요. 오븐에 넣자마자 은은하게 퍼지는 고소한 치즈향! 와인 안주로도 좋답니다.

[재료]
우유식빵 1cm 2쪽
레드 레스터 15g
리코타 20g
생모차렐라 20g
고르곤졸라 15g

[만드는 법]
1 우유식빵을 토스터에 넣고 1분 30초 정도 미디엄레어로 굽는다.
2 레드 레스터, 리코타, 생모차렐라, 고르곤졸라를 우유식빵 ¼ 크기에 맞게 자른다.
3 구운 우유식빵에 네 종류의 치즈를 나눠 올린다.
4 오븐 토스터에 넣고 2분 30초 정도 더 굽는다.

치즈를 미리 4등분한 뒤 식빵에 올린다
치즈를 섞어서 식빵 위에 올리고 굽는 방법도 있지만, 식빵을 4등분하여 치즈를 하나씩 올리면 골라먹는 재미가 있다. 식빵에 치즈 크기대로 미리 칼집을 내고 치즈를 올리면 쉽게 수평수직을 맞출 수 있고, 손으로 뜯어 먹기도 수월하다.

중급

사과토스트
—— apple toast ——

사과가 갈변되는 것을 막기 위해 레몬즙을 자주 사용하는데 가끔은 레몬즙 대신 요구르트에 넣어 두기도 합니다. 사과와 요구르트는 영양학적으로도 서로에게 부족한 점을 보완해주는 존재입니다. 사과는 식이섬유와 비타민 C를, 요구르트는 칼슘과 비타민 B12를 함유하고 있어요. 이렇게 영양이 가득한 과일샐러드에 곡물빵을 곁들이면 아침 메뉴로 더없이 훌륭하겠지요.

[재료]
곡물식빵 1.5cm 2쪽
사과 ½개
샐러드용 채소 40g
요구르트드레싱
· 플레인요구르트 50ml
· 꿀 10ml
· 올리브유 10ml
· 소금 약간
· 후추 약간

[만드는 법]
1 곡물식빵을 토스터에 넣고 3분 정도 웰던으로 굽는다.
2 사과는 0.2cm 두께로 슬라이스한 뒤 가늘게 채 썬다.
3 볼에 플레인요구르트, 꿀, 올리브유, 소금, 후추를 넣고 골고루 섞는다.
4 샐러드용 채소와 요구르트드레싱을 골고루 버무린다.
5 곡물식빵에 4를 풍성하게 올리고 그 위에 사과를 올린다.

사과는 가늘고 길게 채 썬다
사과는 껍질째 가늘고 길게 채 썰면 독특한 모양과 식감을 맛볼 수 있다. 사과를 손질한 뒤 표면에 레몬즙을 뿌리면 갈변을 막을 수 있다. 작은 큐브 모양으로 자르면 부피감이 있어서 더욱 먹음직스러워 보인다.

중급

그린토스트
—— green toast ——

아스파라거스, 브로콜리, 그린빈… 이 채소들을 육류 요리의 사이드디시 정도로만 생각하고 있나요? 잘 조리한 초록 채소들은 아삭하고 고소하며 의외로 달콤합니다. 섬유질이 가득해 포만감까지 있으니 메인디시로도 손색이 없지요. 아티초크나 버섯, 파프리카를 더해도 좋지만 초록 채소만으로 만든 싱그러운 그린토스트는 눈으로 먼저 먹고 싶을 정도입니다.

[재료]
현미식빵 2cm 2쪽
아스파라거스 4개
브로콜리 ¼개
그린빈 8개
올리브유 15ml
소금 약간
후추 약간
크림치즈 40g
레몬즙 ¼개분

[만드는 법]
1 현미식빵을 토스터에 넣고 3분 정도 웰던으로 굽는다.
2 아스파라거스는 질긴 아랫부분을 2cm 정도 잘라낸 다음 어슷하게 썰어 3등분한다.
3 브로콜리는 송이 부분만 따로 자른다.
4 그린빈은 양 끝을 제거한 뒤 어슷하게 썰어 2등분한다.
5 중불로 달군 팬에 올리브유를 두르고 손질해둔 채소를 넣고 4~5분 정도 노릇하게 볶는다. 기호에 맞게 소금, 후추로 간한다.
6 구운 현미식빵 1쪽에 크림치즈 20g을 바르고 볶은 채소를 나눠 올린 다음 레몬즙을 뿌린다.

채소는 시간차를 두고 넣어 익힌다
채소는 완전히 익기까지 미묘한 시간 차이가 있다. 브로콜리, 아스파라거스 머리 부분, 그린빈, 아스파라거스 몸통 순서로 익는다. 기억해두었다가 볶을 때 시간차를 두고 조리하면 식감이 훌륭한 채소볶음을 만들 수 있다.

중급

베지테리언토스트
—— vegetarian toast ——

베지테리언 메뉴는 의외로 만드는 법이 까다롭습니다. 채소만 넣는다고 완성되는 것이 아니라 채소, 곡물만으로 오감의 만족을 이끌어내야 하기 때문이지요. 베지테리언 메뉴에서 가장 중요하게 사용되는 것이 지방입니다. 지방의 고소한 맛은 미각을 만족시키는 요소 중 하나이며 이 레시피에서는 아보카도에게 그 역할을 주었습니다. 여기에 새콤하고 아삭한 비트피클을 곁들이면 조금 더 에너지 있는 메뉴가 됩니다.

[재료]

잡곡식빵 1.5cm 2쪽
비트피클 3쪽
오이 ¼개
당근 30g
로메인 2장
아보카도 1개
레몬즙 ¼개분
소금 약간
후추 약간
올리브유 15ml

[만드는 법]

1 잡곡식빵을 토스터에 넣고 2분 정도 미디엄으로 굽는다.
2 비트피클은 부채꼴 모양으로 자르고 오이는 0.2cm 두께의 반달 모양으로 썬다.
3 당근과 로메인은 가늘게 채 썬다.
4 손질한 아보카도와 레몬즙, 소금, 후추를 볼에 넣고 으깨어 섞는다.
5 구운 잡곡식빵에 으깬 아보카도를 골고루 바른다.
6 그 위로 오이, 당근, 비트피클, 로메인 순서로 재료를 줄지어 올린 뒤 올리브유를 뿌린다.

비트는 마지막에 올린다

비트를 바닥에 깔면 식빵에 물이 들기 쉬우므로 마지막에 올린다. 비트피클은 미리 만들어서 냉장보관하면 요긴하게 사용된다.

비트피클

1 비트 1개(500g)를 껍질을 벗겨 0.2cm 두께의 원형으로 얇게 슬라이스한다.
2 유리병을 끓는 물에 소독하고 손질한 비트를 담는다.
3 냄비에 식초, 설탕, 물을 같은 비율(각 200ml)로 붓고 월계수잎 1장, 통후추 5알, 코리앤더씨 10알을 넣고 센불에서 끓인 뒤 비트가 담긴 유리병에 바로 붓는다.
4 뚜껑을 덮고 냉장고에서 하루 이상 보관한 뒤 사용한다.

중급

고급

든든한 한 끼 식사로, 술안주로,
근사한 디저트로 먹기 좋은
토스트 메뉴입니다.

에그인토스트
—— egg in toast ——

에그인토스트가 낯설게 느껴지나요? 식빵 속에 빠진 달걀을 떠올려보세요. 식빵 한가운데 얌전히 들어가 있는 달걀은 귀엽기까지 합니다. 달걀이 닿은 부분의 식빵에는 고소함이 더해져 참 맛있어요. 만화에서 나온 듯한 이 토스트를 보고 있으면 아기자기한 카페에 앉아 있는 것 같은 착각이 들기도 합니다.

[재료]
우유식빵 2.5cm 1쪽
달걀 1개
버터 15g
소금 약간
후추 약간
파프리카가루 약간

[만드는 법]
1 우유식빵은 가운데 부분이 움푹 파이도록 손으로 둥글게 눌러 웅덩이처럼 만든다.
2 파낸 부분에 달걀을 깨뜨려 넣는다.
3 우유식빵 단면에는 버터를 바른다.
4 우유식빵을 베이킹 트레이에 올리고 200℃로 예열한 오븐에서 5~7분 정도 굽는다.
5 소금, 후추, 파프리카가루를 뿌린다.

식빵에 구멍이 나지 않게 주의한다
찢어지거나 구멍이 나지 않게 주의하며 달걀이 식빵 안에 자리잡을 수 있도록 잘 눌러가며 모양을 잡는다. 식빵 가운데 모양 내기가 어렵다면 둥근 쿠키틀이나 크기가 맞는 병뚜껑을 대고 칼집을 낸다. 칼집을 따라 빵을 눌러주면 쉽게 모양을 낼 수 있다. 모양을 잡다가 식빵 바닥에 구멍이 났다면 빵가루를 구멍 위에 뿌리고 우유로 촉촉히 적셔 구멍을 메운다.

삼겹살토스트
—— pork belly toast ——

멜버른에 살았을 때 인기 있는 브런치 카페에 가면 거의 모든 테이블에서 주문하는 메뉴가 있었습니다. 브리오슈에 피스타치오페스토, 토마토처트니, 그리고 바삭하게 구운 삼겹살을 넣은 삼겹살샌드위치였어요. 생소한 조합이라 불안했지만 용기를 내어 먹어본 순간, 편협한 생각을 하던 저의 참패를 인정할 수 밖에 없었습니다. 이후 한 달 동안은 삼겹살을 여기저기 응용해보았던 기억이 납니다. 그때 만들었던 토스트 레시피를 소개합니다.

[재료]

잡곡식빵 2cm 2쪽
삼겹살 3줄
생강 다진 것 10g
소금 약간
후추 약간
쌈채소(로즈잎. 깻잎 등) 6장
마요네즈드레싱
· 마요네즈 40g
· 올리브유 15ml
· 고추냉이 5g

[만드는 법]

1 마요네즈드레싱 재료를 모두 볼에 넣고 섞는다.

2 삼겹살은 생강, 소금, 후추로 밑간을 한다.

3 잡곡식빵을 토스터에 넣고 3분 정도 웰던으로 굽는다.

4 팬을 중불로 달군 뒤 밑간한 삼겹살을 올려 노릇하게 굽고 3cm 너비로 썬다.

5 쌈채소는 가늘게 채 썬다.

6 구운 잡곡식빵에 마요네즈드레싱을 바르고 쌈채소와 삼겹살을 올린다.

삼겹살은 한입 크기로 썬다

빵에 긴 삼겹살을 그대로 올리면 먹기가 불편하다. 한입 크기로 잘라서 올리면 빵과 함께 베어 물어도 부담스럽지 않다. 토스트에 사용하는 삼겹살은 살코기가 많은 삼겹살이나 목살을 사용하면 한층 담백하다. 불맛을 내고 싶다면 마지막에 토치로 그을려주면 된다.

햄치즈토스트
—— ham and cheese toast ——

혼자 먹는다면 토스트에 토핑을 마음대로 올려도 좋지만 여러 명이 먹는 토스트를 준비해야
한다면 상황이 달라집니다. 모두가 좋아할 만한 메뉴이자 먹기가 번거롭지 않은 메뉴가 제
격이지요. 식빵, 토마토, 햄, 치즈, 달걀 등 전형적인 아침 식재료를 활용해 오븐 요리를 만
들어보았어요.

[재료]

우유식빵 1.5cm 3쪽
달걀 2개
우유 15ml
설탕 5g
소금 약간
후추 약간
슬라이스치즈(체다) 2장
토마토 1개
버터 20g
샌드위치햄 8장

[만드는 법]

1 우유식빵은 길이로 2등분한다.

2 달걀, 우유, 설탕, 소금, 후추를 볼에 넣고 거품기로 잘 섞는다.

3 슬라이스치즈는 길이로 2등분하고 토마토는 0.5cm 두께로 슬
  라이스한다.

4 12x19cm의 오븐 그릇 안쪽에 버터를 바른다.

5 그릇에 우유식빵, 슬라이스치즈, 토마토, 반으로 접은 샌드위치
  햄의 순서로 겹겹이 넣는다.

6 2의 달걀물을 붓고 180℃로 예열한 오븐에서 20분 정도 굽
  는다.

빵의 크기에 맞게 재료를 잘라 채운다

빵의 크기에 맞게 재료를 잘라서 준비한 뒤 오븐 그릇에 담는다. 나중에 달걀
물이 익으면서 재료들을 고정시켜주기 때문에 재료를 너무 촘촘하게 붙일 필
요는 없다. 달걀물은 식빵 위로 흘리며 붓고 토스트가 너무 말라 보이지 않도
록 한다.

미트볼토스트
—— meatballs toast ——

고기와 탄수화물은 모두가 축복하는 최고의 만남입니다. 건강을 생각하면 걱정스러운 부분도 있지만 그 유혹을 뿌리치기는 힘들지요. 육즙 가득한 미트볼과 방해되지 않을 만큼의 토마토소스, 그리고 갓 구운 큐브식빵. 이 한 덩이가 앞에 놓이는 순간, 근심은 사라지고 오로지 그 만남에 축복만을 외치게 됩니다.

[재료]

미니 큐브식빵 4개
식용유 약간
피자치즈 80g
미트볼
· 소고기 다진 것 240g
· 마늘 다진 것 10g
· 빵가루 20g
· 달걀 1개
· 허브가루 5g
· 소금 약간
· 후추 약간
토마토소스
· 올리브유 15ml
· 마늘 다진 것 5g
· 양파 다진 것 15g
· 크러시드토마토 200g
· 소금 약간
· 후추 약간

[만드는 법]

1 미트볼 재료를 볼에 모두 넣고 골고루 반죽한 다음 2cm 지름의 원형 모양으로 빚는다.

2 냄비에 올리브유를 두르고 마늘과 양파를 타지 않도록 중불로 5분 정도 볶다가 크러시드토마토를 넣고 끓인다. 재료가 끓어오르면 약불로 줄여 5분 정도 뭉근하게 데운다. 취향에 따라 소금, 후추를 더한다.

3 미니 큐브식빵은 윗면을 잘라내고 속살을 파낸다.

4 중불로 달군 팬에 식용유를 두르고 미트볼을 굴려가며 겉면만 노릇하게 익힌다.

5 속을 파낸 큐브식빵 1개당 2의 토마토소스를 반씩 넣고 미트볼을 2개 올린 뒤 피자치즈를 뿌린다.

6 베이킹 트레이에 유산지를 깔고 큐브식빵을 올린 뒤 180℃로 예열한 오븐에서 10분 정도 굽는다.

미트볼은 한입 크기로 빚는다
미니 큐브식빵 안에 넣을 수 있도록 미트볼은 작게 빚는다. 너무 크면 식빵과 어울리지 않고 토마토소스를 넣을 공간이 모자란다. 미트볼 반죽에 커리가루, 파프리카가루, 케이엔페퍼 등의 향신료를 더하면 색다른 느낌을 줄 수 있다.

파프리카 토스트
—— bell pepper toast ——

파프리카는 의외로 다양하게 사용되지 않는 재료입니다. 생으로 먹거나 기름에 살짝 볶아서 먹는 것이 대부분이지요. 하지만 파프리카의 진가는 구운 속살에 있습니다. 고열에 그을린 얇은 껍질을 벗겨내면 드러나는 보드라운 속살은 과일만큼 달콤합니다. 그대로 샐러드나 샌드위치에 넣어도 되고 카나페에 올려도 좋습니다. 곱게 갈아 수프나 파스타소스, 드레싱에 넣어도 맛있습니다.

[재료]

잡곡식빵 1.5cm 2쪽
적파프리카 1개
올리브유 15ml
바질잎 5장
리코타 80g
소금 약간
후추 약간
루콜라 15g

[만드는 법]

1 파프리카에 올리브유를 꼼꼼하게 바르고 베이킹 트레이에 올린다.

2 220℃로 예열한 오븐에 넣고 파프리카의 겉면이 검게 탈 정도로 20~25분 정도 익힌 뒤 유리볼에 넣고 랩으로 씌우고 10분 정도 둔다.

3 식힌 파프리카 껍질을 벗기고 씨를 제거한 다음 2cm 폭으로 길게 자른다.

4 바질잎은 잘게 다져 리코타, 소금, 후추와 섞는다.

5 잡곡식빵을 토스터에 넣고 2분 정도 미디엄으로 굽는다.

6 구운 잡곡식빵에 4를 바르고 루콜라와 파프리카를 나눠 올린다.

까맣게 익어야 껍질이 잘 벗겨진다

파프리카를 구운 뒤 랩에 싸서 10분 이상 두어야 껍질이 잘 벗겨진다. 아주 뜨겁게 예열한 오븐에 파프리카를 굽는 것이 정석이지만 시간이 오래 걸린다. 가스 스토브나 바비큐 그릴 위에 바로 구우면 훨씬 빨리 익고 훈연향도 더 강하다. 단, 속까지 타지 않도록 자주 위치를 바꾸어야 한다.

몬테크리스토토스트

—— monte cristo toast ——

어릴 적 패밀리 레스토랑에서 만난 첫 번째 몬테크리스토는 기름과 슈가파우더로 범벅이 되어 있었습니다. 고칼로리 음식을 좋아했지만 '굳이 샌드위치를 기름에 튀겨야 하나?'라는 생각에 다시 찾지 않았어요. 이 메뉴를 조금 더 건강하고 담백하게 만들어보면 어떨까요. 슈가파우더를 많이 넣지 않고 블루베리잼과 파인애플을 더하고, 기름 대신 오븐에서 굽습니다.

[재료]

우유식빵 1.5cm 2쪽
블루베리잼 30g
샌드위치햄 4장
닭가슴살햄 4장
슬라이스치즈(체다) 2장
파인애플 링 슬라이스 1½개
달걀 2개
우유 30ml
슈가파우더 약간

[만드는 법]

1 우유식빵 1쪽에 블루베리잼을 바른다.

2 그 위에 샌드위치햄과 닭가슴살햄, 슬라이스치즈, 파인애플을 올린 뒤 다른 빵으로 덮는다.

3 달걀과 우유를 볼에 넣고 거품기로 잘 섞는다.

4 우유식빵을 달걀물로 충분히 적신 다음 유산지를 깐 베이킹 트레이에 얹는다.

5 180℃로 예열한 오븐에서 25분 정도 굽는다.

6 내용물이 쏟아지지 않도록 주의하며 길이로 2등분한다.

7 먹기 전에 슈가파우더를 뿌린다.

빵이 젖을 때까지 달걀물을 입힌다

프렌치토스트를 만들 때처럼 달걀물이 빵 속까지 스며들도록 충분히 적신다. 겉면만 적시면 겉은 타고 속은 마른다. 구입하고 하루가 지나 살짝 마른 식빵을 사용하면 다루기가 더 수월하다.

닭가슴살포도토스트

—— chicken breast and grapes toast ——

요리를 할 때 되도록 설탕의 양을 줄이려고 노력합니다. 하지만 무턱대고 줄일 수는 없고 대체 재료로 맛을 보완해야 하지요. 당도가 높고 신맛이 강하지 않아 기분 좋은 달콤함을 주는 포도는 설탕을 대체할 재료로 제격입니다. 닭가슴살의 짭조름한 맛과도 잘 어울리지요.

[재료]

현미식빵 1.5cm 2쪽
닭가슴살 2쪽
소금 약간
후추 약간
올리브유 30ml
적포도 4알
청포도 4알
셀러리 1줄
호두 3알
와인식초드레싱
· 올리브유 40ml
· 레드와인식초 20ml
· 다진 마늘 5g
· 설탕 5g
· 소금 약간
· 후추 약간

[만드는 법]

1 와인식초드레싱 재료를 볼에 모두 넣고 섞는다.

2 닭가슴살은 세로로 깊게 칼집을 내어 책을 펴듯 편다. 소금, 후추로 밑간을 해둔다.

3 팬을 중불로 달군 뒤 올리브유를 두르고 닭가슴살을 올린다. 3분 정도 구운 뒤 뒤집어서 3분 정도 더 굽고 1cm 두께로 슬라이스한다.

4 적포도와 청포도는 가로로 2등분하고 셀러리는 0.5cm 두께로 반달썰기한다. 호두는 굵게 다진다.

5 현미식빵을 토스터에 넣고 3분 정도 웰던으로 굽는다.

6 구운 현미식빵에 닭가슴살과 포도, 셀러리, 호두를 올리고 와인식초드레싱을 뿌린다.

닭가슴살은 저미듯 칼집을 낸다

닭가슴살의 가장 두꺼운 부분이 위로 오도록 놓고 칼로 저미듯 깊게 칼집을 낸다. 날개를 펴듯 양쪽으로 벌리면 자연스럽게 펼쳐진다. 닭가슴살의 조리 시간을 단축시킬 수 있고 고기 전체를 고르게 익힐 수 있다.

그린커리프렌치토스트

—— green curry french toast ——

프렌치토스트를 만드는 달걀물에 이런저런 재료를 넣으면 색다른 맛의 토스트가 됩니다. 그린커리페이스트, 코코넛밀크, 고수 등 이국적인 재료를 더해보세요. 색다른 타이식 토스트로 변신합니다.

[재료]

호밀식빵 2cm 2쪽
달걀 6개
그린커리페이스트 10g
코코넛밀크 30ml
고수 다진 것 1줄기분
버터 30g
후추 약간
고수잎(장식용) 약간

[만드는 법]

1 달걀 4개, 그린커리페이스트, 코코넛밀크, 고수를 볼에 넣고 거품기로 골고루 섞는다.
2 호밀식빵을 1의 달걀물에 충분히 적신다.
3 약불로 달군 팬에 버터 15g을 녹이고 호밀식빵 1쪽을 올려 3~4분 정도 구운 뒤 뒤집어서 다시 3분 정도 굽는다.
4 달걀 2개는 흰자부분만 익히는 서니사이드업 스타일의 달걀프라이를 만든다.
5 구운 호밀식빵에 달걀프라이를 올린 다음 후추를 뿌리고 고수잎으로 장식한다.

그린커리페이스트는 달걀의 비린내를 없애준다

그린커리페이스트를 넣으면 달걀 특유의 비린내를 없앨 수 있으며 색도 예쁘다. 커리가루, 치즈가루, 핫소스, 트러플오일 등 다양한 재료를 응용해도 좋다. 단, 덩어리가 큰 재료는 빵에 잘 스며들지 않고 익는 시간이 빵과 달라지므로 잘게 다진 허브나 가루류, 액체류를 추천한다.

새우토스트
—— prawn toast ——

요즘 멘보샤의 전성기라고 해도 과언이 아닙니다. 새우토스트는 멘보샤와는 다르지만 맛집에 줄을 설 마음의 준비가 되지 않았거나 집에서 튀김 요리에 도전할 용기가 없다면 시도해 볼 만한 레시피예요. 아이들 영양 간식으로, 어른들 술안주로도 어울리는 메뉴입니다.

[재료]
우유식빵 1cm 2쪽
중새우 15마리
달걀흰자 1개
옥수수전분 5g
소금 약간
후추 약간
고수잎 다진 것 2줄기분
라임즙 ½개분

[만드는 법]
1 우유식빵은 4등분한다.
2 중새우는 살만 블렌더에 곱게 간 다음 달걀흰자, 옥수수전분, 소금, 후추를 넣고 한 번 더 간다.
3 2를 우유식빵에 도톰하게 올린다.
4 3을 180℃로 예열한 오븐에 넣고 13분 정도 굽는다.
5 오븐에서 꺼낸 토스트에 고수잎을 올리고 라임즙을 뿌린다.

새우살은 1큰술씩 올린다
새우살은 4등분한 식빵 위에 1큰술씩 떠서 올리면 적당하다. 도톰하게 올려야 더욱 맛있다. 만약 에어프라이어가 있다면 해바라기유 5g을 반죽에 넣어 섞고, 반죽을 얹은 뒤 빵 위에도 살짝 둘러준다. 에어프라이어를 180℃로 맞추고 10분 정도 돌리면 더욱 튀김에 가까워진다.

스테이크토스트

—— steak toast ——

메인 요리로도 충분한 스테이크를 식빵 위에 올리면 어떨까요? 묵직한 스테이크의 맛을 뒷받침해줄 양파잼, 브리치즈, 루콜라까지 곁들이면 근사한 일품 요리로도 손색이 없습니다. 허브버터가 더해져 풍미를 높인 스테이크토스트 한 접시면 고급 레스토랑이 부럽지 않습니다.

[재료]

잡곡식빵 2cm 1쪽
쇠고기 등심(스테이크용) 200g
소금 약간
후추 약간
브리치즈 60g
버터 10g
올리브유 10ml
허브버터(p.30 참고) 15g
루콜라 15g
양파잼
· 양파 채썬 것 1개분
· 버터 10g
· 올리브유 10ml
· 발사믹식초 5ml

[만드는 법]

1 쇠고기는 소금, 후추로 밑간해둔다.
2 약불로 달군 팬에 양파, 버터, 올리브유, 발사믹식초를 넣고 타지 않도록 25분 정도 볶아 양파잼을 만든다.
3 브리치즈는 0.5cm 두께로 슬라이스한다.
4 중불로 달군 팬에 버터와 올리브유를 넣고 스테이크를 앞뒤로 4분 정도 굽는다(2cm 두께 기준, 미디엄 굽기).
5 구운 스테이크는 접시에 옮겨 쿠킹포일을 덮고 5분 정도 휴지시킨다.
6 잡곡식빵을 오븐 토스터에 넣고 3분 정도 웰던으로 굽는다.
7 구운 잡곡식빵 위에 허브버터를 바르고 루콜라, 브리치즈, 스테이크의 순으로 올리고 양파잼을 곁들인다.

팬을 충분히 달군 뒤 쇠고기를 올린다

스테이크를 구울 때 가장 중요한 것은 팬의 온도다. 팬을 충분히 달군 후 고기를 올려야 육즙을 한 번에 가둘 수 있다. 2cm 두께의 스테이크를 기준으로 레어는 한 면당 2~3분, 미디엄은 4분, 웰던은 6~7분 정도 구우면 적당하다. 원하는 상태로 구워졌다면 반드시 5분 정도 휴지시킨다. 굽자마자 스테이크를 자르면 육즙이 모두 흘러나온다.

시나몬아이스크림토스트
—— cinnamon toast with ice cream ——

시나몬버터는 한 번 만들어두면 유용하게 사용할 수 있습니다. 토스트는 물론 아메리카노에 넣어서 버터커피를 즐길 수도 있지요. 시나몬버터를 바른 식빵을 오븐에 구우면 오븐 안에서 캐러멜라이징이 되면서 퍼지는 은은한 향이 식욕을 북돋아줍니다. 여기에 바닐라아이스크림까지 곁들인다면 더욱 참기 힘들지요. 바닐라아이스크림 대신 호두아이스크림을 올려도 좋아요.

[재료]
큐브식빵 1개
바닐라아이스크림 1스쿱
메이플시럽 30ml
시나몬버터
· 버터 30g
· 시나몬가루 1g
· 설탕 20g

[만드는 법]
1 실온에 둔 버터, 시나몬가루, 설탕을 볼에 넣고 골고루 섞어 시나몬버터를 만든다.
2 큐브식빵의 바닥을 제외한 모든 면에 시나몬버터를 골고루 바른다.
3 베이킹 트레이에 유산지를 깔고 큐브식빵을 올린 뒤 170℃로 예열한 오븐에서 20분 정도 굽는다.
4 구운 토스트를 2분 정도 식힌다.
5 아이스크림을 올리고 메이플시럽을 뿌린다.

시나몬버터는 충분히 바른다
시나몬버터가 많다고 생각할 수도 있지만 식빵에 모두 바른다. 오븐에 들어가자마자 버터가 녹아내려 빵의 아랫부분에서 끓고 그 자리에 남은 시나몬과 설탕이 캐러멜화되어 많이 발라도 괜찮다. 버터향을 좋아한다면 식빵의 각 면에 2cm 깊이로 칼집을 내고 그 위에 버터를 바른다. 버터가 녹으면서 빵으로 스며들어 촉촉한 버터를 머금은 토스트를 맛볼 수 있다.

사과콤포트토스트
—— apple compote toast ——

선선한 바람이 불 때쯤 등장하는 햇사과 때문일까요? 사과로 만든 디저트는 왠지 추운 겨울에 더 어울리는 것 같아요. 아삭하고 새콤한 사과를 따뜻하게 졸이면 마음까지 따뜻해집니다. 양껏 만들어 놓고 토스트, 오트밀, 애플파이에 활용하다 보면 어느덧 한 해가 지나갑니다.

[재료]

버터식빵 1.5cm 2쪽
사과 1개
황설탕 40g
바닐라페이스트 5g
레몬즙 ¼개분
시나몬스틱 1개
그래놀라 40g

[만드는 법]

1 사과는 껍질을 벗기고 2cm 크기로 깍둑 썬다.

2 냄비를 약불로 달군 뒤 사과, 황설탕, 바닐라페이스트, 레몬즙, 시나몬스틱을 넣고 15분 정도 저어가며 뭉근하게 익혀 식힌 뒤 시나몬스틱은 건진다.

3 버터식빵을 토스터에 넣고 2분 정도 미디엄으로 굽는다.

4 버터식빵에 2의 사과콤포트를 올리고 그래놀라를 뿌린다.

사과는 과육이 부드러워질 때까지 졸인다

콤포트는 아삭한 식감이 없어질 때까지 완전히 익히는 것이 중요하다. 디저트용으로는 수분이 적고 새콤한 맛이 강한 사과가 어울린다. 한국에서 재배되는 품종 중에는 아오리사과가 가장 좋고 더 정확하게는 완전히 익지 않은 풋아오리사과가 가장 좋다. 당도가 높은 한국 사과로 디저트를 만든다면 설탕과 액체 재료의 양을 줄이는 것이 좋다.

미니키시토스트
—— mini quiche toast ——

미니키시는 셀 수 없이 만들어본 메뉴입니다. 키시 베이스로 파이 반죽, 토르티야, 라자냐, 만두피까지 이것저것 시도해보았지요. 이 레시피에서는 식빵을 응용해보았습니다. 바닥이 너무 흐물거렸던 토르티야, 윗부분이 딱딱해서 먹기 힘들었던 라자냐, 식감이 별로였던 만두피의 문제점이 식빵에서는 보이지 않네요. 마치 서양식 달걀빵을 먹는 듯한 메뉴입니다.

[재료]

우유식빵 1cm 6쪽
버터 녹인 것 40ml
달걀 3개
생크림 45ml
파르메산 간 것 90g
소금 약간
후추 약간
베이컨 1장
브로콜리 30g
방울토마토 3알

[만드는 법]

1 우유식빵 가장자리를 제거하고 밀대로 최대한 납작하게 민다.
2 컵케이크 틀 안쪽에 버터를 골고루 바른다.
3 우유식빵을 컵 모양으로 잡아가면서 틀 안에 넣는다.
4 달걀, 생크림, 파르메산, 소금, 후추를 볼에 넣고 거품기로 골고루 섞는다.
5 베이컨은 2cm 너비로 작게 자르고 브로콜리는 송이 부분만 뗀다. 방울토마토는 반으로 자른다.
6 우유식빵 안에 손질한 베이컨, 브로콜리, 방울토마토를 1개씩 넣는다.
7 우유식빵에 4의 달걀물을 ⅔ 정도 부어준 후 180℃로 예열한 오븐에서 12~15분 정도 굽는다.

사선으로 넣어서 모양을 잡는다

빵을 약간 사선으로 접어서 넣으면 끝이 살짝 튀어나오며 자연스러운 모양이 된다. 식빵을 틀에 넣기 전에 녹인 버터를 틀 안쪽에 골고루 바른다. 키시가 익으면서 달걀물이 조금씩 넘치는데, 틀에 기름이 발라져 있지 않으면 틀에서 키시를 분리시킬 때 달걀물이 눌어붙어 낭패를 볼 수도 있다.

소시지롤업토스트
—— sausage toast roll-ups ——

소시지와 슬라이스치즈를 건강한 재료라고 말하기는 힘들지만 아이들이 좋아하는 재료라는
데는 이견이 없을 것입니다. 가끔은 아이들이 좋아하는 간식을 만들어보면 어떨까요? 간식
뿐 아니라 파티에도 어울리는 메뉴입니다.

[재료]

버터식빵 1.5cm 2쪽
달걀 2개
우유 30ml
소시지 2개
슬라이스치즈 4장
올리브유 50ml
소금 약간
후추 약간

[만드는 법]

1 버터식빵 가장자리를 제거하고 밀대로 최대한 납작하게 민다.
2 달걀과 우유, 소금, 후추를 볼에 넣고 거품기로 잘 섞는다.
3 소시지는 끓는 물에 1분 정도 데친다.
4 버터식빵 1쪽에 슬라이스치즈 2장, 소시지 1개를 올리고 돌돌
   말고 이쑤시개로 고정한 뒤 달걀물에 충분히 적신다.
5 중불로 달군 팬에 올리브유를 두르고 4를 굴려가며 튀기듯이
   4~5분 정도 굽는다.
6 한김 식힌 뒤 이쑤시개를 빼고 어슷하게 2등분한다.

식빵은 최대한 얇게 민다

통통한 소시지와 치즈를 넣기 때문에 식빵을 예쁘게 말기가 쉽지 않다. 그래
서 식빵을 최대한 얇고 넓게 미는 것이 좋다. 이쑤시개나 작은 꼬치가 없다면
식빵 한쪽 끝에 물을 묻혀 롤이 벌어지지 않도록 고정시킨다. 구울 때도 롤의
경계 부분부터 구우면 어느 정도 풀어지는 것을 막을 수 있다.

바나나초콜릿토스트
—— banana and chocolate toast ——

바나나, 블루베리 같은 새콤달콤한 과일에 쌉싸름한 커피를 더하고 연유와 초콜릿까지 입혀주면 악마의 맛이 탄생합니다. 자주 먹을 수는 없지만 한번 먹으면 멈출 수 없는 매력적인 토스트를 소개합니다.

[재료]
우유식빵 10cm 1개
바나나 2개
냉동 블루베리 20알
연유 60ml
인스턴트커피가루 2g
다크초콜릿 50g

[만드는 법]

1 우유식빵은 안쪽으로 1.5cm 정도 벽을 남겨두고 속을 파낸다.

2 큼직하게 뜯어낸 속은 2cm 크기의 큐브 모양으로 잘라 오븐 토스터에 넣고 2분 정도 굽는다.

3 바나나는 3cm 두께로 큼직하게 자른다.

4 속을 파낸 우유식빵에 바나나, 냉동 블루베리, 구운 큐브 모양 빵과 연유, 커피가루를 번갈아 넣으며 빵 속을 채운다.

5 다크초콜릿은 잘게 부수어 토스트 위에 듬뿍 뿌린다.

6 베이킹 트레이에 유산지를 깔고 우유식빵을 올리고 180℃로 예열한 오븐에 10분 정도 굽는다.

식빵은 완전히 식은 뒤 자른다
식빵이 완전히 식지 않으면 모양이 망가지기 쉬우므로 한김 식힌 식빵을 잘라서 사용한다. 칼집을 낼 때는 벽의 두께를 고르게 맞추면서 자르는 것이 중요하다. 자칫 한쪽 면이 얇아지면 기울거나 속재료가 샐 수도 있으니 주의한다.

Part3

바게트

초급

최소한의 재료를 사용해
가열을 하지 않고 만드는
간단한 레시피를 소개합니다.

머메이드토스트
—— mermaid toast ——

얼마 전까지 비비드한 색감의 레인보우토스트가 유행하더니 이제는 파스텔 톤의 생크림을 바른 머메이드토스트가 인기입니다. SNS로 유명한 푸드스타일리스트 아델린 워프Adeline Waugh가 시작한 스타일이라고 하네요. 식빵 위에 생크림이나 크림치즈를 이용해 화려한 색감을 더해서 여성들의 마음을 사로잡고 있습니다. 바게트에 응용해 로맨틱하게 표현해보았어요. 눈으로 즐기고, 사진을 찍기에도 최고의 메뉴입니다.

[재료]
브레드볼 1.5cm 두께로
둥글게 썬 것 2쪽
생크림 200ml
슈가파우더 20g
식용색소 핑크·레드 약간

[만드는 법]

1 브레드볼을 토스터에 넣고 1분 30초 정도 미디엄레어로 구운 뒤 한 김 식힌다.

2 볼에 생크림, 슈가파우더를 넣고 핸드믹서로 단단하게 휘핑한다. 휘핑한 크림을 거품기로 떴을 때 뿔 모양이 그대로 살아 있으면 적당한 상태다.

3 휘핑한 크림을 4등분해서 각각 볼에 담고 3개의 크림에 색소를 조금씩 넣고 섞어가며 원하는 색을 만든다.

4 색소를 넣지 않은 크림을 스패츌러로 떠서 브레드볼에 일렬로 올린다. 연한 색부터 진한 색까지 4가지 크림을 모두 바르면 완성이다.

스패츌러를 사용하면 모양을 내기가 쉽다

크림을 바르는 법은 정해져 있지 않다. 숟가락을 사용해도 되고 짤주머니나 모양깍지를 사용해도 되지만 스패츌러를 사용하면 좀 더 모양을 내기가 편하다. 크림을 바를 때는 살짝 뭉개듯이 누르면서 바르고 작은 숟가락을 사용한다면 뒷면으로 바르면 된다.

햄토스트
—— ham toast ——

어릴 적 엄마가 김밥을 만들어주실 때면 눈치를 보면서도 햄만 집어먹곤 했습니다. 그 입맛은 지금도 변하지 않았습니다. 뷔페 레스토랑에 가면 처음으로 향하는 곳이 콜드컷 섹션이고, 와인을 마실 때도 치즈보다 햄을 찾습니다. 햄토스트는 햄을 좋아하는 저의 아침 식사이자 간식이자 술안주 메뉴이지요.

[재료]

바게트 1.5cm 두께로
어슷하게 썬 것 2쪽

버터 20g

파스트라미 2장

칠면조햄 2장

샌드위치햄 2장

[만드는 법]

1 길이대로 어슷하게 썬 바게트를 오븐 토스터에 넣고 2분 정도 미디엄으로 굽는다.

2 바게트 1쪽에 버터 10g을 골고루 바른다.

3 파스트라미와 칠면조햄, 샌드위치햄을 1장씩 자연스럽게 겹친다.

4 바게트에 3의 햄을 올린다.

버터를 완전히 녹일 것인지 크림 상태인지 선택한다

토스트에 버터를 바를 때는 버터를 완전히 녹일 것인지 크림 상태로 바를 것인지를 먼저 정해야 한다. 완전히 녹인 버터를 선택했다면 막 구운 빵에 상온에 둔 부드러운 버터를 발라 버터가 빵으로 스며들도록 한다. 크림 상태를 선택했다면 구운 빵을 2~3분 정도 식힌 다음 버터를 바른다.

멜론블루치즈토스트
—— honeydew and blue cheese toast ——

멜론을 좋아하는 사람은 많지만 블루치즈를 즐기는 사람은 많지 않습니다. 그도 그럴 것이 블루치즈는 멀리서도 느껴질 정도로 냄새가 고약하거든요. 맛도 독특합니다. 짜고, 쓰고, 이상한 시큼함이 있지요. 그러나 이 맛에 한번 빠지면 더 짜고, 더 쓰고, 더 시큼한 것을 찾게 됩니다. 이런 블루치즈가 꿀같이 달콤한 멜론을 만나면 원래 하나였던 것처럼 어울리니 참 신기합니다.

[재료]
바게트 12cm 길이로 썬 것 1쪽
버터 20g
멜론 6cm 두께 1쪽(웨지 모양)
블루치즈 15g
꿀 30ml
후추 약간

[만드는 법]
1 바게트는 길이로 2등분한 뒤 오븐 토스터에 2분 정도 미디엄으로 굽는다.
2 구운 바게트 1쪽당 버터를 10g씩 골고루 바른다.
3 멜론은 1.5cm 두께로 길게 썰어 4쪽을 만든다.
4 바게트 1쪽당 멜론 2쪽을 올린 뒤 블루치즈를 잘게 부수어 올린다.
5 꿀과 후추를 뿌린다.

바게트는 길게 잘라 넓은 면적을 사용한다
멜론이나 가지처럼 길이가 긴 과일이나 재료를 올릴 때는 바게트의 길이를 살려주면 더 예쁘다. 길게 자른 뒤 반으로 잘라서 사용하면 면적이 넓어져서 다양한 토핑을 올릴 수 있다.

콜리플라워토스트
—— cauliflower toast ——

생으로 먹는 식재료와 익혀 먹는 식재료의 구분은 명확하지 않습니다. 콜리플라워 역시 익혀서도 먹고 생으로도 먹는 재료입니다. 비린 맛이 없고 씹을수록 은근한 단맛이 있어서 큰 즐거움을 선사하지요. 날밤과 비슷하지만 그보다 조금 수줍다고 해야 할까요? 망설이는 사람들에게도 자신있게 추천합니다.

[재료]

바게트 1.5cm 두께로
둥글게 썬 것 3쪽

콜리플라워 80g

파르메산 적당량

올리브유 30ml

레몬즙 ¼개분

소금 약간

후추 약간

[만드는 법]

1 바게트를 오븐 토스터에 넣고 2분 정도 미디엄으로 굽는다.

2 콜리플라워는 최대한 얇게 0.1cm 정도의 두께로 슬라이스한다.

3 파르메산은 슬라이서로 얇게 썬다.

4 구운 바게트에 콜리플라워, 파르메산을 올리고 그 위에 올리브유, 레몬즙, 소금, 후추를 뿌린다.

콜리플라워는 줄기 부분을 사용한다

콜리플라워의 가장자리 부분은 줄기와 이어져 있지 않아 자르면 가루처럼 부서진다. 예쁜 모양을 내기 위해서 줄기 쪽에서 가까운 부분을 슬라이스한다. 줄기에 콜리플라워 송이가 붙은 채로 잘려서 작은 나무 같은 모양을 만들 수 있다.

살라미치커리토스트
—— salami and chicory toast ——

수없이 많은 햄 중에서도 살라미는 제 마음을 크게 흔드는 식재료입니다. 한 봉지를 뜯으면 먼저 살라미만 먹고 난 뒤에 샐러드나 샌드위치를 만듭니다. 다음으로는 파스타, 피자, 토스트에 올려 먹지요. 살라미치커리토스트는 치커리의 쓴맛, 오이피클의 단맛과 신맛, 그리고 가장 중요한 살라미의 짠맛과 감칠맛이 담겨 있습니다. 몇 개의 재료만으로 오미五味를 모두 만족시키는 모범적인 토스트지요.

[재료]

바게트 2cm 두께로
어슷하게 썬 것 2쪽

살라미 4장

코니숑 1개

치커리 5장

올리브유 15ml

[만드는 법]

1 바게트를 오븐 토스터에 넣고 2분 정도 미디엄으로 굽는다.

2 살라미는 2등분하고 코니숑은 길게 4등분한다.

3 구운 바게트 1쪽에 치커리와 코니숑 2조각을 얹고 살라미 4조각을 자연스럽게 올린다.

4 올리브유를 살짝 뿌린다.

올리브유를 살짝 뿌려 풍미를 돋운다

마지막에 올리브유를 뿌리면 더욱 풍미가 느껴진다. 올리브유는 숟가락에 덜어서 올려야 골고루 적당한 양을 사용할 수 있다. 기름진 토핑이나 올리브유를 사용한다면 빵에 버터를 바르지 않아도 된다.

당근샐러드반미

—— carrot salad bành mí ——

자주 가는 교자바에서 사이드메뉴로 내놓는 당근샐러드를 재해석했습니다. 피시소스, 고수, 라임즙을 더해 동남아 스타일로 완성했어요. 아삭아삭하면서 새콤달콤한 당근샐러드가 바삭하면서 폭신한 반미바게트와 만나 특별한 맛을 선사합니다.

[재료]

반미바게트 1개
당근 ⅓개
고수 4줄기
코리앤더씨 3g
올리브유 30ml
라임즙 ½개분
피시소스 10ml
설탕 약간
소금 약간
후추 약간

[만드는 법]

1 반미바게트는 가운데 부분에 칼집을 낸 뒤 180℃로 예열한 오븐 토스터에서 2분 정도 굽는다.

2 당근은 껍질을 벗기고 강판에 거칠게 간다.

3 고수는 곱게 다지고 코리앤더씨는 절구에 빻는다.

4 고수와 코리앤더씨, 올리브유, 라임즙, 피시소스, 설탕, 소금, 후추를 모두 볼에 넣고 골고루 섞는다.

5 당근에 4의 소스를 넣고 골고루 버무린 뒤 구운 반미바게트 사이에 듬뿍 채운다.

당근은 굵은 강판에 간다

당근을 갈 때는 날의 지름이 0.5cm 정도인 굵은 강판을 추천한다. 너무 가는 두께의 강판은 당근이 즙이 되어버리거나 너무 가늘어져서 식감이 떨어진다. 강판이 없다면 당근을 필러로 슬라이스한 뒤 3cm 길이, 0.5cm 폭으로 채 썰어 사용한다.

게맛살토스트
—— crab meat toast ——

김밥, 도시락 반찬, 냉채, 잡채, 심지어 전 등의 다채로운 요리에 활용하는 게맛살! 단연 최고의 요리는 마요네즈에 버무린 뒤 보드라운 빵 사이에 잔뜩 넣은 샌드위치입니다. 채소를 많이 먹어야 한다는 엄마의 주장에 양상추와 오이가 추가되곤 했지만요. 불필요한 부재료를 덜어내고 오직 게맛살에만 집중한 토스트를 만들어보았습니다.

[재료]

바게트 3cm 두께로
슬라이스한 것 2쪽

버터 10g

게맛살 3줄

쪽파 1대

마요네즈 20g

후추 약간

설탕 약간

[만드는 법]

1 바게트를 오븐 토스터에 넣고 3분 정도 웰던으로 굽는다.

2 구운 바게트1쪽에 버터 5g을 바른다.

3 게맛살은 손으로 가늘게 찢고 쪽파는 잘게 다진다.

4 게맛살과 쪽파, 마요네즈, 후추, 설탕을 볼에 넣고 골고루 섞은 뒤 구운 바게트 위에 나눠 올린다.

게맛살은 소복하게 올린다

게맛살은 많다 싶을 정도로 소복하게 올려야 맛있다. 예쁘게 올리고 싶다면 젓가락으로 한 움큼 집어 최대한 둥글린 다음 빵 위에 얹는다. 빵 위에 고르게 올린 뒤 같은 방법으로 위로 쌓아 올린다.

천도복숭아토스트
—— peach and prosciutto toast ——

여름이 되면 달콤한 과일들이 앞다투어 얼굴을 내밀고 덩달아 프로슈토도 바빠집니다. 멜론, 수박, 파인애플, 무화과 모두 프로슈토로 감싸면 더욱 맛있어지기 때문이지요. 여기에 차가운 스파클링 와인을 곁들인다면 환상의 궁합을 자랑합니다.

[재료]
바게트 16cm 1쪽
마스카르포네 60g
천도복숭아 1개
프로슈토 4장
올리브유 약간
후추 약간

[만드는 법]

1 바게트는 길이로 2등분한 뒤 오븐 토스터에 넣고 2분 정도 미디엄으로 굽는다.

2 구운 바게트 1쪽에 마스카르포네 30g을 골고루 바른다.

3 천도복숭아는 2등분해 씨를 제거하고 아주 얇게 슬라이스한다.

4 바게트 1쪽에 프로슈토 2장을 얹고 슬라이스한 천도복숭아를 올린다.

5 올리브유와 후추를 뿌린다.

천도복숭아는 최대한 얇게 썬다
천도복숭아는 얇게 썰어야 맛이 겉돌지 않고 다른 재료와도 잘 어우러진다. 얇게 썬 뒤 부채꼴로 납작하게 펴서 얹으면 식감도 좋고 보기에도 예쁘다. 마스카르포네는 바게트를 토스터에 굽고 식힌 뒤에 발라야 토핑을 얹었을 때 미끄러지지 않는다.

카망베르토스트
—— camembert toast ——

카망베르와 브리는 비슷한 모양과 맛을 가졌지만 엄연히 다른 치즈입니다. 브리는 유지방 함량이 높고 부드러운 반면 카망베르는 맛이 깊고 진합니다. 카망베르 대신 브리로 대체해도 되지만 저는 카망베르의 깊은 맛을 좋아합니다. 따뜻한 크랜베리소스에 녹지 않고 묵직한 맛으로 버텨주니까요.

[재료]

바게트 10cm 길이,
2cm 두께로 어슷하게 썬 것 1쪽

버터 20g

카망베르 60g

크랜베리소스
· 냉동 크랜베리 50g
· 설탕 20g

[만드는 법]

1 바게트는 길이로 2등분한 뒤 오븐 토스터에 넣고 2분 정도 미디엄으로 굽는다.

2 구운 바게트 1쪽에 버터 10g을 바른다.

3 카망베르는 0.5cm 두께로 슬라이스한다.

4 냄비에 냉동 크랜베리와 설탕을 넣고 국자로 으깨가며 약불에서 5~6분 정도 끓여 크랜베리소스를 만든다.

5 구운 바게트에 카망베르를 나눠 올리고 따뜻한 크랜베리소스를 뿌린다.

크랜베리소스는 약불로 뭉근하게 조린다

크랜베리소스를 만들 때 과일의 당과 설탕 때문에 소스가 탈 수 있으므로 약불에서 뭉근하게 조린다. 크랜베리가 없다면 냉동 라즈베리나 블루베리, 블랙베리 등을 사용해도 되지만 크랜베리보다 당도가 높기 때문에 설탕의 양을 줄여야 한다. 시나몬스틱, 정향, 바닐라빈 등을 넣으면 한층 풍미가 고급스러워진다.

훈제연어토스트
—— smoked salmon toast ——

훈제연어와 오이는 어느 나라에서나 즐겨먹는 조합입니다. 연어 특유의 기름진 맛과 향을 신선한 오이가 잡아주어서 무척 잘 어울리지요. 또한 연어 속 비타민D가 우리 몸에 효과적으로 흡수되도록 크림치즈가 도와주니 어느 하나 빠질 수 없는 찰떡궁합입니다.

[재료]

화이트바게트 10cm 2쪽
크림치즈 40g
오이 ⅓개
적양파 ¼개
훈제연어 6장

[만드는 법]

1 화이트바게트는 가운데 깊게 칼집을 낸 뒤 180℃로 예열한 오븐 토스터에서 3분 정도 굽는다.

2 화이트바게트의 단면에 크림치즈 20g을 골고루 바른다.

3 오이는 0.5cm 두께로 어슷하게 썰고 적양파는 얇게 저민다.

4 훈제연어를 롤 모양으로 돌돌 만다.

5 2에 오이, 적양파, 훈제연어의 순서로 나눠 넣는다.

연어는 검은 부분이 바닥으로 가도록 만다

훈제연어는 한 장씩 펴서 돌돌 말아 세우면 작은 꽃잎 모양으로 만들 수 있다. 세운 상태로 빵에 끼워야 모양이 예쁜데 거뭇한 혈액선 부분이 바닥으로 가도록 만다. 보통 냉동 상태로 판매되기 때문에 사용하기 30분~1시간 전에 꺼내어 자연 해동시켜야 모양을 잡을 때 살이 부서지지 않는다.

과일토스트
—— fruits toast ——

최근 디저트나 브런치로 인기 있는 메뉴 중 하나인 과일토스트입니다. 눈으로 먹는 메뉴라고 해도 과언이 아니지요. 과일의 화려한 색과 모양을 최대한 살리는 것이 중요합니다. 다양한 과일을 섞기도 하고 다채롭게 자르기도 하면서 내 안의 예술혼을 발휘해보면 어떨까요?

[재료]

바게트 1.5cm 두께로
슬라이스한 것 6쪽

유자버터(p.30 참고) 30g

오렌지 1개

자몽 1개

용과 ½개

패션프루트 1개

그린키위 ½개

골드키위 ½개

[만드는 법]

1 바게트를 오븐 토스터에 넣고 1분 정도 미디엄레어로 구운 뒤 유자버터를 나눠 바른다.

2 오렌지와 자몽은 과육만 잘라낸다. 용과는 껍질을 제거한 뒤 1cm 크기의 큐브 모양으로 자른다. 패션프루트는 반으로 잘라 안의 내용물을 따로 꺼내둔다.

3 그린키위와 골드키위는 껍질을 제거하고 길이로 4등분한 뒤 0.1cm 두께로 얇게 슬라이스한다.

4 슬라이스한 키위는 부채를 펴듯 천천히 눕혀가며 원형으로 만든다.

5 바게트 1쪽 위에 4의 키위를 겹쳐 올린다. 다른 바게트에는 오렌지와 자몽을 번갈아 올리고 다른 바게트에는 용과를 올린다. 용과를 올린 바게트에는 패션프루트 과육을 올린다.

키위는 얇게 슬라이스해야 모양을 쉽게 잡을 수 있다

키위를 꽃 모양으로 만들면 가운데 씨 부분이 포인트가 된다. 아주 얇고 고른 두께로 슬라이스해야 잘 펴지고 모양을 잡기 좋다. 키위 꽃 가운데 작은 베리류나 허브잎을 올려도 좋다. 꽃 모양이 완성되면 넙적한 스패츌러나 뒤집개를 이용해 간편하게 옮기면 된다.

중급

늘 집에 있는
친근한 재료를 활용한
색다른 레시피를 제안합니다.

마늘토스트
—— garlic confit toast ——

주방에서 맛있는 향이 진동할 때 무엇을 만드는지 들여다보면 둘 중 하나입니다. 양파를 볶고 있거나 마늘을 볶고 있거나. 양파와 마늘은 몸집은 작지만 만들어내는 향은 정신을 혼미하게 할 정도로 강합니다. 약불에 오래 익힌 마늘은 무스처럼 부드럽고 향긋합니다. 빵 위에 올리면 다른 재료가 없어도 심심하지 않지요.

[재료]

드미바게트 15cm
어슷하게 썬 것 2쪽

올리브유 200ml

마늘 20톨

로즈메리 2줄기

소금 약간

후추 약간

[만드는 법]

1 올리브유, 마늘, 로즈메리를 냄비에 넣고 중불에서 익힌다.

2 올리브유가 서서히 데워지면서 기포가 생기기 시작하면 약불로 줄이고 45분~1시간 정도 뭉근하게 익힌다.

3 드미바게트는 길이로 썬 뒤 오븐 토스터에 넣고 2분 정도 미디엄으로 굽는다.

4 구운 드미바게트에 마늘과 올리브유를 나눠 얹고 소금, 후추를 뿌린다.

올리브유에 마늘과 로즈메리를 함께 넣는다

올리브유에 마늘과 로즈메리를 함께 넣고 끓이면 허브의 향이 진하게 배어나와 풍미가 좋아진다. 올리브유에 기포가 생기기 시작하면 마늘과 허브가 타지 않도록 중간중간 섞어주며 잘 체크해야 한다. 로즈메리 외에 타임, 바질 같은 허브를 사용해도 된다. 완성 후에는 밀폐용기에 담아 냉장고에서 2달 정도 보관 가능하다.

중급

마르게리타토스트
—— margherita toast ——

우리나라의 삼합과는 맛과 향이 완전히 다르지만 마르게리타는 이탈리아의 대표적 삼합인 것 같습니다. 토마토, 바질, 모차렐라가 만나 어떻게 해도 망치기 힘들고 웬만하면 맛있는, 매우 안정적이고 완벽한 삼합이지요. 이 재료들은 피자뿐만 아니라 토스트에 응용해도 맛있습니다.

[재료]
화이트바게트 23cm 1쪽
생모차렐라 100g
바질잎 10장
올리브유 25ml
후추 약간
토마토소스
· 올리브유 15ml
· 마늘 다진 것 5g
· 크러시드토마토 200g
· 바질 말린 것 3g
· 소금 약간
· 후추 약간

[만드는 법]
1 중불로 달군 냄비에 올리브유 15ml를 두르고 마늘을 1분 정도 볶는다.
2 1에 크러시드토마토와 바질을 넣고 한 번 끓어 오르면 약불로 줄여 10분 정도 뭉근하게 익힌다. 기호에 따라 소금, 후추로 간을 해서 토마토소스를 완성한다.
3 화이트바게트는 길이로 2등분한 뒤 단면에 토마토소스를 골고루 바른다.
4 생모차렐라는 0.5cm 두께로 슬라이스한다.
5 구운 화이트바게트에 모차렐라, 바질잎을 번갈아 올린 뒤 유산지를 깐 베이킹 트레이에 올린다.
6 올리브유와 후추를 뿌린 뒤 200℃로 예열한 오븐에서 2~3분 정도 굽는다.

토마토소스는 가운데 도톰하게 올린다
토마토소스는 충분히 올려야 맛있다. 가장자리까지 올리면 구운 뒤 지저분해질 수 있으므로 가운데 도톰하게 올린다. 집에서 만든 토마토소스는 완전히 식힌 후 소독한 유리병에 담아 냉장보관하면 4~7일 정도 먹을 수 있다.

중급

새우토스트와 홀스래디시소스
—— prawns toast with horseradish sauce ——

홀스래디시는 간단히 말해 서양 고추냉이라고 할 수 있습니다. 코를 찌르는 알싸한 매운맛
이 있고 고추냉이보다 덜 달고 더 나무향이 납니다. 고추냉이를 해산물에 곁들이는 것처럼
홀스래디시도 비슷하게 사용합니다. 핫소스와 파프리카가루를 넣어 매콤한 훈연향을 입힌
홀스래디시소스와 불맛을 입혀 구운 새우의 궁합은 그야말로 신세계지요. 드라이한 화이트
와인과도 잘 어울립니다.

[재료]

바게트 1.5cm 두께로
어슷하게 썬 것 6쪽
올리브유 15ml
중새우 12마리
소금 약간
후추 약간
홀스래디시소스
· 홀스래디시소스 50g
· 마요네즈 20g
· 파프리카가루 2g
· 핫소스 약간

[만드는 법]

1 홀스래디시소스 재료를 모두 볼에 넣고 골고루 섞는다.
2 바게트를 오븐 토스터에 넣고 3분 정도 웰던으로 굽는다.
3 중불로 달군 팬에 올리브유를 두르고 새우를 2분 정도 구운 뒤
   뒤집어서 2분 정도 노릇하게 굽는다. 소금, 후추로 간한다.
4 바게트에 홀스래디시소스를 골고루 바르고 구운 새우를 2마리
   씩 올린다.

새우는 오래 익히지 않는다

새우를 오래 구우면 비리고 식감도 질겨진다. 새우의 크기에 따라 익히는 시
간은 차이가 있지만 일반적으로 새우살의 투명함이 거의 사라지면 잘 익은 상
태다. 냉동 새우를 사용한다면 완전히 해동시키고 조리한다. 냉동 상태에서 바
로 열을 가하면 겉면만 익고 속은 얼어 있는 경우가 생길 수 있다.

중급

명란마요토스트
—— salted pollack roe mayonnaise toast ——

일본에서 판매하는 명란마요네즈와는 비교하지 마세요. 너무나 쉽게 만들 수 있지만 맛은 보장하는 레시피로 명란마요네즈를 먹을 만큼만 직접 만들어보기를 추천합니다. 여기에 얇게 슬라이스한 명란 한 덩어리를 구워서 올리면 식감까지 조화로운 훌륭한 토스트가 됩니다.

[재료]

바게트 1cm 두께로
슬라이스한 것 8쪽

명란젓 2개(100g)

마요네즈 40g

참기름 5ml

올리브유 10ml

파슬리가루 약간

[만드는 법]

1 바게트를 오븐 토스터에 넣고 2분 정도 미디엄으로 굽는다.

2 명란젓 1개는 막을 벗겨서 속만 따로 걷어내고 마요네즈, 참기름을 넣고 골고루 섞는다.

3 명란젓 1개는 8조각으로 슬라이스한다.

4 중불로 달군 팬에 올리브유를 두르고 약불로 바로 줄인 뒤 슬라이스한 명란젓을 5분 정도 노릇하게 굽는다.

5 구운 바게트에 2의 명란마요네즈를 바르고 구운 명란젓을 1조각씩 올린다.

6 파슬리가루를 뿌린다.

참기름을 약간 넣어 향을 돋운다

명란마요네즈에 참기름을 넣으면 명란젓의 비린 맛을 잡아주고 더욱 고소한 맛과 향을 낸다. 들기름을 넣으면 참기름보다 향이 강해진다. 명란젓은 저염을 추천하며 일반 명란젓을 넣는다면 양을 2/3 또는 1/2로 줄이는 것이 좋다.

중급

스위트콘살사토스트
—— sweet corn salsa toast ——

마약옥수수를 아시나요? 옥수수에 버터를 잔뜩 바르고 치즈, 고춧가루, 마요네즈, 설탕과
버무려 직화로 구운, 맛이 없을 수 없는 간식이지요. 맛있지만 먹을 때마다 죄책감이 느껴져
서 조금 더 건강하게 만들어보았습니다. 불맛은 포기하지 않는 대신 신선한 재료를 사용해
새콤달콤매콤한 맛을 첨가했습니다.

[재료]

브레드볼 1.5cm 두께로
슬라이스한 것 1쪽
스위트콘 140g
홍고추 ½개
이탈리안파슬리 2줄기
적양파 ¼개
올리브유 30ml
레몬즙 ½개분
소금 약간
후추 약간

[만드는 법]

1 브레드볼은 길이로 2등분한 뒤 오븐 토스터에서 3분 정도 웰
  던으로 굽는다.
2 스위트콘은 흐르는 물에 깨끗이 씻어 물기를 완전히 뺀다.
3 홍고추, 이탈리안파슬리, 적양파는 잘게 다진다.
4 센불로 달군 팬에 올리브유를 두르고 스위트콘을 2분 정도 볶
  는다.
5 다진 채소와 스위트콘을 볼에 넣고 레몬즙, 소금, 후추를 넣어
  골고루 섞어 살사를 만든다.
6 구운 브레드볼 위에 5의 스위트콘살사를 듬뿍 올린다.

팬을 아주 뜨겁게 달궈서 볶는다
스위트콘에 불맛을 입히고 싶다면 웍이나 깊이가 있는 팬에 기름을 두르고 아
주 뜨겁게 달군 뒤 20~30초 정도 빠르게 볶으면 된다. 여기에 토마토, 오이,
고수, 라임, 할라피뇨, 아보카도 등의 재료를 더해서 나만의 살사를 만들어도
좋다.

아스파라거스토스트
—— asparagus toast ——

잘 조리한 신선한 아스파라거스는 부드러운 단맛과 싱그러운 풀향이 납니다. 브로콜리나 그
린빈과도 자주 비교되지요. 홀그레인머스터드는 화이트와인의 산미를 머금고 있습니다. 자
칫 아스파라거스의 맛을 덮을 수 있는 머스터드소스에 생크림을 더하면 맛이 한결 부드러워
져요.

[재료]

바게트 1.5cm 두께로 길게
어슷하게 썬 것 1쪽

아스파라거스 큰 것 2개

버터 25g

머스터드소스

· 홀그레인머스터드 15g

· 생크림 30ml

· 설탕 3g

· 소금 약간

· 후추 약간

[만드는 법]

1 바게트를 오븐 토스터에 넣고 3분 정도 웰던으로 구운 뒤 버터
   15g을 골고루 바른다.

2 아스파라거스는 질긴 밑동을 자르고 끓는 물에 1분 정도 데친
   뒤 종이타월에 건져내어 물기를 제거한다.

3 중불로 달군 팬에 버터 10g을 녹이고 데친 아스파라거스를 1분
   정도 익힌다.

4 머스터드소스 재료를 모두 볼에 넣고 섞는다.

5 구운 바게트에 아스파라거스와 머스터드소스를 올린다.

생크림을 넣으면 톡 쏘는 맛을 줄일 수 있다

생크림을 넣으면 홀그레인머스터드의 톡 쏘는 맛을 중화시켜 부드러우면서
알싸한 맛의 소스를 만들 수 있다. 다진 마늘을 약간 넣어도 맛있다. 팬에 기름
을 두르고 중불에 다진 마늘을 볶다가 홀그레인머스터드를 볶은 뒤 약불로 줄
여 나머지 재료를 모두 넣고 살짝 데우면 마늘향이 은은하고 따뜻한 크림소스
가 완성된다.

미소가지토스트
—— miso glazed aubergine toast ——

나물, 무침 등으로만 먹다가 최근 다양한 조리법이 소개되며 그 진가를 인정받고 있는 가지를 넣은 토스트입니다. 가지는 구우면 부드럽고 쫀쫀해져서 더욱 맛있습니다. 여기에 짭짤하면서 단맛이 있는 미소된장으로 양념해 친근한 메뉴로 완성했습니다.

[재료]
바게트 15cm 1쪽
가지 1개
소금 5g
잣 15g
쪽파 1줄기
올리브유 30ml
미소소스
· 미소된장 40g
· 마늘 다진 것 10g
· 설탕 5g
· 생강 다진 것 5g

[만드는 법]

1 가지는 길이 7~8cm, 너비 2~3cm의 막대 모양으로 자르고 볼에 담은 후 소금을 뿌리고 30분 정도 절인다.

2 바게트 높이의 ⅓ 부분을 길게 자른 뒤 아랫부분을 180℃로 예열한 오븐 토스터에 3분 정도 굽는다.

3 볼에 미소소스 재료를 넣고 골고루 섞는다.

4 팬을 중불로 달군 뒤 잣을 2분 정도 볶는다.

5 쪽파는 잘게 다진다.

6 물기를 뺀 가지와 미소소스를 함께 버무린 뒤 중불로 달군 팬에 올리브유를 두르고 5분 정도 굽는다.

7 구운 바게트에 가지를 올리고 잣, 쪽파를 뿌린다.

바게트는 도톰하게 잘라서 쓴다
가지를 조리하면 수분이 많이 빠져나오기 때문에 도톰하게 자른 바게트 위에 올려야 가지의 수분을 흡수할 수 있다. 또한 바게트를 자른 후 단면을 조금 눌러 오목한 그릇처럼 만들면 가지가 바게트 밖으로 떨어지지 않고 안정적인 모습을 유지할 수 있다.

중급

주키니토스트
—— zucchini toast ——

주키니는 수분 함량이 높은 채소 중 하나입니다. 주키니를 맛있게 굽는 가장 좋은 방법은 뜨겁게 예열한 팬에 최소한의 기름으로 빠르게 조리하는 것이지요. 주키니는 오래 조리할수록 과육 안에서 수분이 끓으면서 흐물거리고 요리 후 그릇에 올리자마자 부드러워지기 때문에 먹기 직전에 굽는 것을 추천합니다.

[재료]
화이트바게트 10cm 1쪽
주키니 50g
리코타 25g
민트잎 3장
올리브유 20ml
소금 약간
후추 약간

[만드는 법]

1 화이트바게트는 길이로 깊숙이 칼집을 내어 넓게 편 다음 올리브유 10ml를 뿌린다.

2 화이트바게트를 200℃로 예열한 오븐 토스터에 넣고 2분 정도 미디엄으로 굽는다.

3 주키니는 0.5cm 두께로 둥글게 썬다. 민트잎은 가늘게 채 썬다.

4 센불로 달군 팬에 올리브유 10ml를 두르고 손질한 주키니를 1분 정도 빠르게 볶는다. 소금, 후추로 간한다.

5 구운 화이트바게트 한쪽 면에 주키니를 올리고 다른 한쪽 면에는 리코타를 바른 뒤 민트잎을 올린다.

리코타는 한쪽 면에만 바른다
바게트를 넓게 펴서 각각 다른 토핑을 올려 오픈 샌드위치처럼 먹어도 좋고 반으로 접어 샌드위치처럼 즐겨도 좋다. 리코타를 바게트 전체에 바르고 주키니, 민트잎을 올린 뒤 마늘 저민 것, 레몬즙을 올리고 구우면 주키니피자가 된다.

중급

단팥토스트

—— sweet red bean jam toast ——

팥은 차갑게, 뜨겁게, 달게, 짜게… 어떻게 먹어도 어색하지 않습니다. 무더운 여름에는 빙수의 짝꿍인가 싶다가도 찬바람이 불면 단팥죽이 생각나는 매력적인 재료지요. 토스트에 단팥과 단단한 생크림, 뽀얀 콩가루 더해 고소하고 달콤한 디저트 메뉴를 완성했습니다. 여기에 녹차 한잔을 곁들이면 더욱 좋아요.

[재료]

브레드볼 1.5cm 두께로
슬라이스한 것 1쪽

버터 15g
통단팥 100g
시나몬가루 2g
생크림 50ml
콩가루 10g

[만드는 법]

1 브레드볼 맨 아랫부분을 토스터에 넣고 2분 정도 미디엄으로 굽는다.
2 구운 브레드볼에 버터를 골고루 바른다.
3 통단팥, 시나몬가루를 볼에 넣고 골고루 섞는다.
4 생크림을 핸드믹서로 단단하게 휘핑한다. 휘핑한 크림을 거품기로 떴을 때 크림의 뿔 모양이 그대로 살아 있으면 완성이다.
5 구운 브레드볼 위에 통단팥을 바른다.
6 단단하게 휘핑한 크림을 팥 가운데 볼록하게 올린다.
7 콩가루를 솔솔 뿌려 완성한다.

팥은 바게트 가운데 올리고 편다

바게트 가장자리에 팥을 올리면 평평하게 바르기가 어렵다. 가운데 볼록하게 올린 뒤 가장자리로 밀며 펴나간다. 알갱이가 살아 있는 통단팥과 부드럽게 으깨진 단팥앙금을 1:1 비율로 섞어서 사용하면 팥 알갱이가 부담스럽지 않고 부드러운 앙금이 생크림과 조화롭게 섞인다.

중급

방울양배추토스트
—— brussels sprout toast ——

요리를 처음 배웠을 때, 식재료에 대한 지식은 부족하면서 호기심만 넘쳐서 처음 보는 재료들을 무작정 사서 구워도 보고 삶아도 보았습니다. 그중 방울양배추는 씻는 순간부터 무척 난감했던 재료입니다. 지금이야 익숙하지만 당시에는 무지했던 탓에 그 작은 잎을 꾸역꾸역 벌려가며 물에 씻었지요. 기름과 만나자마자 터지는 소리를 내던 그 방울양배추가 떠오르네요. 그때를 추억하며 다시 만들어보았습니다.

[재료]
반미바게트 1개
방울양배추 3개
적방울양배추 3개
베이컨 2줄
소금 약간
후추 약간
스위트칠리소스 30ml

[만드는 법]

1 반미바게트는 넙적하게 2등분한 뒤 오븐 토스터에 넣고 2분 정도 미디엄으로 굽는다.

2 달군 팬에 베이컨을 올리고 가끔 뒤집으며 약불로 10분 정도 바삭하게 굽는다. 베이컨 기름은 버리지 않는다.

3 종이타월에 베이컨을 올리고 기름을 뺀 뒤 칼로 잘게 썬다.

4 방울양배추는 튀어나온 심지 부분을 자르고 세로로 2등분한다.

5 남겨둔 베이컨 기름을 다시 약불로 달구고 방울양배추를 4~5분 정도 노릇하게 굽는다. 기호에 따라 소금, 후추로 간한다.

6 구운 반미바게트에 방울양배추, 베이컨을 올리고 스위트칠리소스를 뿌린다.

방울양배추의 안쪽 심지는 그대로 둔다
방울양배추는 겉잎 3~4장을 떼어내고 단단한 심지를 제거한다. 단, 양배추 안쪽 심지는 그대로 둔다. 안쪽 심지를 떼면 잎이 다 떨어져 모양을 유지하기 어렵다. 방울 양배추를 빠르게 익히려면 반으로 잘라 끓는 물에 1분 정도 데쳤다가 볶거나 오븐에 구우면 조리 시간을 단축시킬 수 있다.

달걀샐러드토스트

egg salad toast

달걀샐러드는 집집마다 맛이 다르지요. 저는 달걀의 부드러운 맛을 해치는 것을 싫어해서 다른 재료를 사용하지 않았습니다. 씹히는 질감을 살리기 위해 달걀을 조금 굵게 다져서 넣었고요. 사워크림과 홀그레인머스터드를 넣으면 좀 더 색다른 느낌의 토스트를 완성할 수 있습니다.

[재료]

바게트 5cm 3쪽
달걀 5개
사워크림 30g
홀그레인머스터드 5g
설탕 5g
소금 약간
후추 약간

[만드는 법]

1 냄비에 찬물을 붓고 달걀을 넣어 12분 정도 삶은 뒤 꺼내 찬물에 담가 완전히 식힌다.
2 바게트는 반 갈라서 오븐 토스터에 넣고 2분 정도 미디엄으로 굽는다.
3 삶은 달걀은 껍질을 벗기고 굵게 다진다.
4 볼에 다진 달걀과 사워크림, 홀그레인머스터드, 설탕, 소금, 후추를 넣고 골고루 섞는다.
5 바게트에 4의 달걀샐러드를 푸짐하게 올리고 다른 바게트로 덮는다.

달걀은 흰자와 노른자를 함께 다진다

달걀은 웨지 모양으로 자른 후 다지면 쉽게 다질 수 있다. 흰자와 노른자를 분리하지 않고 다지면 맛이 더 부드러워지고 흰자의 탱글탱글한 식감이 살아 있다.

참치샐러드토스트
—— tuna salad toast ——

신기하게도 참치샐러드는 누가 만들든 일정한 맛이 납니다. 아마도 캔 참치의 힘이겠지요.
허브를 넣으면 늘 똑같게 느껴지는 맛에 변화를 줄 수 있습니다. 이탈리안파슬리를 넣으면
좀 더 색다르게 느껴지고 딜을 넣으면 완전히 이국적인 느낌의 참치샐러드를 맛볼 수 있습
니다.

[재료]

바게트 1.5cm의 두께로
어슷하게 썬 것 4쪽

참치 캔 150g

양파 ¼개

오이피클 3cm 1개

딜 4줄기

마요네즈 60g

설탕 5g

후추 약간

딜(장식용) 약간

[만드는 법]

1 바게트를 오븐 토스터에 넣고 2분 정도 미디엄으로 굽는다.

2 참치는 10분 정도 체에 받쳐서 기름을 뺀다.

3 양파, 오이피클, 딜은 잘게 다진다.

4 볼에 참치를 넣고 3의 재료와 마요네즈, 설탕, 후추를 넣고 나
   무주걱으로 잘 으깨면서 섞는다.

5 큰 숟가락이나 샐러드 서버로 참치샐러드를 럭비공 모양으로
   만들어 구운 바게트 위에 나눠 올린 뒤 딜로 장식한다.

캔 참치는 기름을 완전히 제거한다

캔 참치는 기름을 많이 걸러낼수록 좋다. 주걱이나 국자 뒷면으로 꾹꾹 눌러
최대한 기름을 뺀다. 한층 포슬포슬해진 참치와 마요네즈를 섞으면 훨씬 부드
러운 참치샐러드를 만들 수 있다. 무스 수준의 식감을 원한다면 기름을 뺀 참
치살과 레시피 ⅓ 분량의 마요네즈를 블렌더에 넣고 곱게 간 후 나머지 마요
네즈를 넣고 골고루 섞는다.

중급

바나나시나몬프렌치토스트
—— cinnamon french toast with banana ——

식빵도 그렇지만 바게트도 끝부분은 참 손이 가지 않습니다. 이럴 때는 끝부분을 요리에 이용해보세요. 프렌치토스트는 딱딱한 부분도 맛있게 만들어주는 마법 같은 메뉴입니다. 딱딱한 겉면의 면적이 넓으니 달걀물을 더욱 신경 써서 적셔주세요. 촉촉해진 빵에 시나몬가루를 솔솔 뿌려가며 노릇하게 굽고 바나나와 메이플시럽까지 곁들이면 다음부터는 끝부분만 찾게 될지도 모릅니다.

[재료]
바게트 12cm 1쪽
달걀 3개
우유 15ml
설탕 5g
소금 약간
버터 20g
시나몬가루 약간
바나나 1개
피칸 다진 것 3개분
메이플시럽 50ml

[만드는 법]
1 달걀, 우유, 설탕, 소금을 볼에 넣고 완전히 섞는다.
2 바게트는 길이로 2등분한 뒤 달걀물에 넣고 충분히 적신다.
3 약불로 달군 팬에 버터를 녹여 바게트를 올리고 3~4분 정도 구운 뒤 시나몬가루를 바게트 위에 솔솔 뿌린다. 뒤집어서 3~4분 정도 굽고 시나몬가루를 한번 더 뿌린다.
4 바나나는 길이로 2등분, 가로로 2등분해 4조각 낸다.
5 구운 바게트를 그릇에 담고 바나나를 올린 뒤 피칸, 메이플시럽을 뿌린다.

바나나는 길게 자르면 먹음직스럽다
바나나는 모양을 살려서 길게 자르면 더 먹음직스럽고 바게트와도 잘 어울린다. 요리의 사이드 메뉴나 굽는 용도로 바나나를 사용할 때는 조금 덜 익은 것을 골라야 과육이 단단해 모양이 잘 유지된다. 많이 익어서 검은 반점이 생긴 바나나는 디저트를 만들 때 사용한다.

중급

채소피자토스트
—— vegetables pizza toast ——

갓 구운 김이 모락모락 나는 바게트피자의 냄새를 맡으면 그 유혹을 쉽게 떨치기 힘듭니다.
결국 배가 불러도 사먹곤 했는데 그때마다 마요네즈와 스위트콘이 너무 많아서 아쉬웠습니
다. 느끼함을 줄이고 무한정 먹고 싶은 채소피자토스트를 만들어보았습니다.

[재료]

드미바게트 21cm 1쪽
청피망 1개
양송이버섯 2개
방울토마토 6알
블랙올리브 6알
모차렐라 슬라이스 300g
화이트소스
· 버터 60g
· 박력분 40g
· 우유 400ml
· 파르메산 간 것 60g
· 소금 약간
· 후추 약간

[만드는 법]

1 냄비를 약불로 달구고 버터를 녹인 뒤 박력분을 넣어 1분 정도
   계속 저어가며 볶는다. 우유를 조금씩 부어가며 거품기로 멍울
   지지 않게 계속 섞는다.
2 소스가 크림처럼 되직해질 때까지 4~5분 정도 거품기로 젓는
   다. 불을 끄고 파르메산, 소금, 후추를 넣고 골고루 섞어 화이
   트소스를 완성한다.
3 드미바게트는 길이로 2등분한 뒤 유산지를 깐 베이킹 트레이
   에 올리고 2의 화이트소스를 충분히 바른다.
4 청피망은 모양을 살려 0.5cm 두께로 슬라이스하고 양송이버섯
   은 얇게 저민다. 방울토마토와 블랙올리브는 가로로 2등분한다.
5 드미바게트 위에 4의 토핑을 올린 뒤 모차렐라를 뿌리고 200℃
   로 예열한 오븐에 4~5분 정도 굽는다.

토핑은 마음껏 올린다
피자의 토핑은 재료에 구애받지 말고 다채롭게 사용한다. 이 레시피에서는 가
장 기본인 청피망, 양송이버섯, 토마토, 올리브를 사용해서 다양한 색감과 크
기를 즐길 수 있게 했다. 만약 채소가 싫다면 살라미나 닭가슴살 등으로 바꿔
도 좋고 화이트소스 대신 바비큐소스 등으로 바꿔도 된다.

중급

고급

재료를 다양하게 사용하며
두세 단계의 과정을 거쳐서 만드는
완성도 높은 메뉴입니다.

모둠콩샐러드토스트
—— three beans salad toast ——

콩 맛이 다 비슷하다고 생각한다면 큰 오산입니다. 강낭콩은 은근한 육류의 맛이 느껴지고 병아리콩은 견과류 맛이 강합니다. 스위트피는 이름 그대로 달콤하지요. 레몬비네그레트드레싱은 각각 다른 콩의 개성을 한데 모아줍니다. 이 단백질 덩어리 샐러드를 토스트 위에 올리면 마치 보석처럼 반짝입니다.

[재료]

에피바게트 12cm 4쪽
스위트피 50g
강낭콩 캔 50g
병아리콩 캔 50g
샬롯 ¼개
민트잎 10장
레몬비네그레트드레싱
· 올리브유 10ml
· 레몬즙 ¼개분
· 소금 약간
· 후추 약간
· 설탕 약간

[만드는 법]

1 에피바게트는 모양대로 떼어낸 뒤 가로로 2등분하고 오븐 토스터에 넣어 2분 정도 미디엄으로 굽는다.
2 스위트피는 끓는 물에 30초 정도 데치고 찬물에 식힌 뒤 체에 받쳐 물기를 제거한다.
3 강낭콩과 병아리콩은 흐르는 물에 깨끗이 씻고 체에 받쳐 물기를 제거한다.
4 샬롯과 민트잎은 잘게 다진다.
5 다진 샬롯과 민트잎, 올리브유, 레몬즙, 소금, 후추, 설탕을 볼에 넣고 골고루 섞는다.
6 물기를 제거한 콩과 레몬비네그레트드레싱을 잘 섞은 뒤 구운 에피바게트 위에 올린다.

민트를 넣어 시원함을 더해준다

민트가 들어가면 스위트피의 달콤함과 민트의 향이 어우러져 샐러드를 먹는 중간중간 마치 디저트를 함께 먹는 것 같은 효과를 준다. 꼭 민트가 아니더라도 잎이 연한 허브라면 무엇이든 넣어도 된다. 대신 로즈메리나 타임같이 줄기가 질기거나 잎이 억센 허브는 피한다.

고구마무스토스트

—— sweet potato mousse toast ——

눈꽃 같은 카스텔라 가루로 뒤덮인 고구마케이크는 어릴 적 단골 생일케이크였습니다. 남녀
노소 누구나 좋아하는 케이크였는데 언제부터인가 추억의 케이크가 되어버렸네요. 고구마
를 케이크로 만들기는 조금 번거롭지만 으깨어 만들면 간단합니다. 그 맛을 다시 느껴보고
싶어서 토스트로 재현해보았습니다.

[재료]

화이트바게트 2cm 두께로
어슷하게 썬 것 3쪽

고구마 2개(300g)

호두 5알

카스텔라 1개

꿀 45g

생크림 30ml

[만드는 법]

1 고구마는 깨끗이 씻어 찜기에서 30분 정도 찐 후 껍질을 벗긴
   다. 호두는 굵게 다진다.

2 카스텔라는 반으로 자른다.

3 화이트바게트를 오븐 토스터에 넣고 2분 정도 미디엄으로 굽
   는다.

4 볼에 고구마, 카스텔라 반 분량, 꿀, 생크림을 모두 넣고 핸드
   블렌더로 곱게 간 다음 호두를 넣고 섞는다.

5 아이스크림 스쿱으로 고구마를 떠서 구운 화이트바게트에 올
   린다.

6 남은 카스텔라는 체에 곱게 으깬 후 화이트바게트 위에 뿌린다.

고구마는 곱게 갈아 사용한다

케이크 같은 부드러움을 원한다면 블렌더로 가는 것이 효과적이다. 더욱 깊
은 단맛을 입히고 싶다면 찐고구마 대신 군고구마를 사용한다. 군고구마는 당
도가 훨씬 높고 고온에 구워서 그을린 부분에서 나오는 미세한 훈연향이 있기
때문에 꿀과 생크림의 양을 조금 줄여 사용해도 좋다.

스테이크타르타르토스트

—— steak tartare toast ——

스테이크타르타르는 서양식 육회라고 말할 수 있습니다. 여기에 허브, 머스터드, 케이퍼, 양파 등을 함께 섞지요. 얇고 바삭하게 구운 바게트도 늘 함께 등장합니다. 육회와 비슷한 듯 다르지만 한 가지 공통점이 있지요. 마지막에 올리는 통통한 달걀노른자입니다. 달걀노른자가 터져 육회에 녹진하게 섞이면 더 맛있다는 사실에는 동서양 모두 이견이 없는 것이 분명합니다.

[재료]

곡물바게트 9cm 1쪽
쇠고기 안심 120g
케이퍼 5g
샬롯 ⅓개
디종머스터드 10g
핫소스 5g
설탕 5g
소금 약간
후추 약간
허브버터(p.30 참고) 20g
달걀노른자 2개

[만드는 법]

1 곡물바게트는 가로로 2등분하고 오븐 토스터에 넣어 2분 정도 미디엄으로 굽는다.

2 쇠고기는 최대한 잘게 다진다.

3 케이퍼, 샬롯은 곱게 다진다.

4 쇠고기와 케이퍼, 샬롯을 볼에 넣고 섞은 뒤 디종머스터드, 핫소스, 설탕, 소금, 후추를 넣고 다시 한 번 섞는다.

5 구운 곡물바게트에 허브버터를 바르고 타르타르를 올린다.

6 타르타르의 가운데를 살짝 누른 뒤 달걀노른자를 올린다.

쇠고기는 먼저 저민 뒤 다진다

고기를 다질 때는 처음부터 다지기보다는 점차 크기를 줄이는 것이 쉽다. 먼저 최대한 얇게 고기를 저민 후 다시 가늘게 채 썬다. 채 썬 고기를 칼날의 시작점부터(손잡이에 가까운 부분) 중간 부분까지 넓게 사용하며 다진다. 냉동육이나 다짐육을 사용하면 절대 안된다. 익히지 않고 먹기 때문에 도축한 지 얼마 되지 않은 신선한 고기를 구입하고 기름기가 적은 부위를 사용한다.

바비큐치킨토스트
—— barbecue chicken toast ——

바비큐치킨토스트에서 가장 중요한 것은 적당하게 익은 촉촉한 닭가슴살입니다. 닭가슴살은 조금만 덜 익어도 속살에 분홍빛이 돌고, 조금만 더 익으면 고무처럼 질겨지는 깐깐한 재료지요. 닭고기마다 크기와 두께가 달라 매번 완벽한 결과물을 내는 것 역시 쉬운 일이 아닙니다. 하지만 부드러우면서도 쫀쫀한 육질과 육즙의 매력 때문에 즐겨 사용하는 재료지요.

[재료]
바게트 17cm 1쪽
닭가슴살 2조각(200g)
바비큐소스 60g
적양파 1개
올리브유 60ml
소금 약간
후추 약간
타임 2줄기

[만드는 법]

1 닭가슴살과 바비큐소스를 볼에 넣고 버무려 랩으로 씌운 뒤 냉장고에 1시간 정도 재운다.

2 바게트는 가로로 2등분한 뒤 오븐 토스터에 넣고 2분 정도 미디엄으로 굽는다.

3 적양파는 가늘게 채 썬다.

4 중불로 달군 팬에 올리브유 30ml를 두르고 채 썬 적양파를 5분 정도 볶는다. 취향에 따라 소금, 후추로 간을 맞춘다.

5 다른 팬을 중불로 달구고 나머지 올리브유를 두른 뒤 닭가슴살을 올려 8~10분 정도 굽고 약불로 줄이고 뒤집어서 5~6분 정도 굽는다.

6 불을 끄고 닭가슴살을 꺼내 1.5cm 두께로 어슷하게 썬다.

7 구운 바게트 위에 적양파를 전체적으로 올리고 1조각분의 닭가슴살을 얹은 뒤 타임으로 장식한다.

홈메이드 바비큐소스에 재운다
시중에 다양한 종류의 바비큐소스가 판매되고 있고 품질도 우수하지만 더욱 맛있는 홈메이드 레시피를 소개한다.

바비큐소스(200ml)
[재료] 토마토케첩 150ml, 파프리카가루 5g, 올리고당 50g, 레드와인식초 10ml, 인스턴트커피가루 0.5g, 간장 20ml, 후추 3g

모든 재료를 냄비에 넣고 한 번 끓인 뒤 약불로 줄여 5분 정도 더 뭉근하게 졸이면 완성이다. 올리고당은 취향에 따라 가감한다.

크로크붐붐
—— croque boum-boum ——

크로크무슈는 프랑스식 햄치즈토스트를 말하며 우리나라에서도 많이 먹지만 아직은 낯선 메뉴입니다. 달걀프라이를 올리면 크로크마담, 토마토와 함께 내면 크로크프로방스, 파인 애플을 올리면 크로크하와이언 등 그 종류가 무척 다양하지요. 크로크붐붐은 볼로네제소스를 올린 것으로 크로크볼로네제라고도 부릅니다. 장시간 저온에서 천천히 익힌 이 소스는 묵직하고 진득해서 바게트에 올리면 한 끼 식사로도 든든하지요.

[재료]

바게트 2cm 두께로
어슷하게 썬 것 2쪽

버터 10g

홀그레인머스터드 10g

샌드위치햄 2장

그뤼에르 간 것 20g

체다 간 것 20g

볼로네제소스 100g

치즈소스

· 버터 20g

· 박력분 15g

· 우유 100ml

· 그뤼에르 간 것 20g

· 체다 간 것 20g

· 소금 약간

· 후추 약간

[만드는 법]

1 치즈소스를 만들 냄비를 약불로 달구어 버터를 녹이고 박력분을 넣고 계속 저어가며 1분 정도 볶는다.

2 1에 우유를 조금씩 부어가며 거품기로 계속 젓는다.

3 어느 정도 걸쭉해지면 치즈를 모두 넣고 불에서 내려 그뤼에르와 체다가 녹을 때까지 골고루 섞는다. 소금, 후추로 간한다.

4 바게트 한 면에 버터를 바르고 홀그레인머스터드, 3의 치즈소스, 샌드위치햄, 그뤼에르와 체다 10g씩을 올린 뒤 다른 바게트로 덮는다.

5 중불로 달군 그릴팬에 4의 바게트를 올리고 2분 정도 구운 뒤 뒤집어서 다시 2분 정도 굽는다.

6 유산지를 깐 베이킹 트레이에 바게트를 올리고 남은 그뤼에르와 체다를 모두 뿌린 뒤 200℃로 예열한 오븐 토스터에서 4~6분 정도 굽는다.

7 볼로네제소스를 냄비에 넣고 따뜻하게 데운 뒤 바게트 위에 얹는다.

치즈소스는 계속 저어준다

치즈소스를 만들 때 가장 중요한 점은 끈기와 팔의 근력이다. 처음 버터와 밀가루로 루를 만들 때부터 소스 젓기는 멈출 수 없다. 우유를 넣으면 더욱 신경써야 한다. 소스가 되직해지는 순간에 잠시라도 방치하면 밀가루가 익으면서 바로 밀가루 떡이 되어 올라온다. 10분 정도는 눈을 떼지 말아야 한다.

화이트오믈렛토스트

—— white omelette toast ——

달걀흰자로만 만든 화이트오믈렛은 노른자의 고소함은 없지만 그 나름의 담백한 매력이 있습니다. 사람들이 화이트오믈렛을 먹는 가장 큰 이유는 역시 다이어트 때문이지요. 칼로리와 지방, 콜레스테롤 수치는 낮아지지만 달걀노른자에 있는 비타민 B12, D, 그리고 철분 등의 영양소는 과감히 포기해야 합니다. 이 레시피는 먹는 즐거움을 위해 버터와 치즈를 넣어만들었어요.

[재료]

바게트 10cm 1쪽
올리브유 25ml
느타리버섯 40g
달걀흰자 3개
물 15ml
소금 약간
후추 약간
허브 다진 것 5g
(이탈리안파슬리, 타임, 오레가노)
리코타 30g
버터 15g

[만드는 법]

1 바게트는 삼각형 모양으로 자른 뒤 반으로 가른다. 오븐 토스터에 넣고 2분 정도 미디엄으로 굽는다.

2 중불로 달군 팬에 올리브유 10ml를 두르고 느타리버섯을 찢어 넣고 3분 정도 볶은 뒤 따로 접시에 담는다.

3 달걀흰자, 물, 소금, 후추, 허브를 볼에 넣고 거품기로 2분 정도 휘핑한다.

4 중불로 달군 팬에 남은 올리브유 15ml를 두르고 3을 넣고 약불로 줄여 마치 스크램블에그를 만들 듯 살살 젓는다.

5 달걀이 반 정도 익으면 볶은 느타리버섯과 리코타를 올린다.

6 오믈렛 한쪽 끝을 조심스럽게 들어올려 반대쪽 ⅔지점까지 덮는다. 한 번 접힌 쪽을 다시 같은 방향으로 들어올려 남은 오믈렛의 끝까지 덮는다.

7 접은 오믈렛을 팬의 한쪽 끝에 밀어 넣고 나무주걱으로 럭비공처럼 모양을 잡는다.

8 바게트에 버터를 바르고 완성된 화이트오믈렛을 올린다.

오믈렛은 나무주걱으로 모양을 잡는다

달걀흰자로만 오믈렛을 만들면 익히기 쉽지 않으니 논스틱 팬을 사용하고 기름칠도 꼼꼼하게 한다. 달걀노른자가 없기 때문에 유분이 없어 팬에 쉽게 눌어붙는다. 팬 한쪽 끝에 오믈렛을 몰고 나무주걱의 움푹 패인 면으로 눌러주면 모양 잡기가 수월하다. 달걀흰자는 익히기 전에 최대한 거품기로 휘핑해준다. 달걀흰자의 끈기를 풀어놓아야 오믈렛을 만들기에 적절한 상태가 되고 식감도 더 부드러워진다.

에그베네딕트
—— egg benedict ——

두 번 고민할 필요도 없는 최고의 브런치 메뉴입니다. 호주는 브런치 카페 문화가 세계적으로 유명한 나라라서 호주에 있을 때 수없이 많은 브런치를 먹었습니다. 1년 동안 주말에는 브런치 카페에서 메인 셰프로 일하기도 했지요. 클래식한 에그베네딕트는 언제 먹어도 질리지 않습니다. 한 귀퉁이를 잘라내면 크림처럼 흘러나오는 완벽한 수란의 노른자와 맑은 정제버터로 정성스럽게 만든 뽀얀 홀랜다이즈소스는 최고의 조합이지요.

[재료]

곡물바게트 2cm 두께로
어슷하게 썬 것 2쪽

식초 15ml
달걀 2개
샌드위치햄 8장
홀랜다이즈소스
· 버터 110g
· 달걀노른자 2개
· 물 15ml
· 레몬즙 15ml
· 소금 약간
· 후추 약간

[만드는 법]

1 버터는 중탕하여 맑은 기름만 따라낸다.

2 중탕 냄비에 다른 볼을 올리고 달걀노른자와 물을 넣는다. 볼의 밑면이 물에 닿지 않도록 주의하며 거품기로 3분 정도 섞는다.

3 달걀노른자가 진한 크림색으로 변하면 1을 조금씩 넣어가며 거품기로 계속 섞는다(약 10분).

4 연한 크림색이 되면 레몬즙과 소금, 후추를 넣어 간을 맞춘다. 홀랜다이즈소스는 포일을 덮어 따뜻하게 유지하고 시간이 지나 묽어진 것 같으면 다시 중탕 냄비에 올려 거품기로 섞는다.

5 냄비에 물을 ⅔ 정도 채우고 식초를 넣고 끓인다. 바닥에 기포가 올라오면 불을 줄이고 국자로 물을 저어 회오리를 만든다.

6 회오리 안에 달걀을 깨뜨려 넣고 1~2분 정도 그대로 두었다가 달걀이 수면 위로 자연스럽게 떠오르면 건져낸다.

7 곡물바게트에 샌드위치햄을 올려 오븐 토스터에 넣고 2분 정도 미디엄으로 굽는다.

8 구운 곡물바게트에 수란을 올리고 따뜻한 홀랜다이즈소스를 뿌린다.

수란은 신선한 달걀로 만든다

수란은 신선한 달걀로 만들었을 때만 그 모양이 완벽하게 나온다. 달걀을 납작한 접시에 깨뜨렸을 때 노른자 주변의 흰자가 통통하게 둥근 모양으로 살아 있으면 신선한 달걀이다. 그러나 흰자가 물처럼 그냥 퍼져 버린다면 그 달걀은 버려야 한다. 수란은커녕 프라이할 때조차 모양을 잡기 힘들다.

브로콜리크림수프볼

—— broccoli cream soup in a bread ball ——

수프에 빵을 찍어먹는 건 생각만 해도 군침이 넘어갑니다. 진득한 크림수프를 한 숟가락 떴을 때 수프로 코팅된 숟가락 아래로 치즈 한 줄기가 따라오는 모습! 게다가 수프를 가득 머금은 빵이 기다리고 있다면 더욱 행복하지요. 든든하고 맛있는 이 메뉴는 누구나 좋아하지 않을 수 없을 것입니다.

[재료]

브레드볼 1개
브로콜리 ½개
감자 1개
양파 ⅓개
올리브유 30ml
마늘 다진 것 5g
치킨스톡가루 10g
물 500ml
소금 약간
후추 약간
파르메산 간 것 50g
생크림 100ml
모차렐라 슬라이스 50g

[만드는 법]

1 브레드볼은 상단을 1.5cm 정도 자른 뒤 빵의 두께가 1cm가 되도록 속을 파낸다.

2 브로콜리는 송이 부분과 줄기 부분을 작게 잘라 따로 분리한다.

3 감자와 양파는 1cm 크기로 깍둑 썬다.

4 중불로 달군 냄비에 올리브유를 두르고 양파를 3분 정도 볶다가 마늘을 넣고 2분 정도 타지 않도록 볶는다.

5 4에 브로콜리 줄기 부분과 감자, 치킨스톡가루, 물을 넣고 끓인다. 한 번 육수가 끓어 오르면 약불로 줄여 15분 정도 뭉근하게 익힌다.

6 5에 브로콜리의 송이 부분을 넣고 3분 정도 더 끓인 뒤 소금, 후추로 간을 맞춘다.

7 블렌더에 수프, 파르메산, 파낸 빵의 절반을 넣고 아주 곱게 간다.

8 생크림을 넣어 잘 섞고 되직한 정도를 확인해 너무 되직하면 생크림을 더 넣어 농도를 맞춘다.

9 속을 파낸 브레드 볼에 수프를 ⅔ 정도 채운 뒤 모차렐라를 뿌리고 200℃의 오븐에서 15분 정도 굽는다.

수프는 블렌더에 모두 간다

수프를 블렌더에 갈아야 고운 식감을 맛볼 수 있다. 하지만 끓인 액체류를 바로 갈면 절대 안된다. 기계가 돌아가면서 채 빠지지 못한 스팀의 압력을 본체가 견디지 못해 뚜껑이 날아갈 수 있다. 반드시 15~20분 이상 식힌 뒤 블렌더를 사용한다.

마시멜로우토스트

—— marshmallow toast ——

누텔라와 마시멜로우는 아이들과 여성들이 환호하는 조합입니다. 불행인지 다행인지 저는 그 안에 속하지는 않습니다. 마시멜로우의 말랑한 식감을 좋아하지 않고 유학 시절 누텔라를 병째 숟가락으로 퍼먹다 잠든 이후로 손도 대지 않지요. 그렇지만 이들을 조합해 빵에 올리면 어느덧 경계심이 풀려버리고 맙니다. 달콤한 냄새를 맡으면 이 악마의 조합에 찬사를 바치는 이들을 비판할 수가 없네요.

[재료]

브레드볼 1.5cm 두께로
슬라이스한 것 1쪽

누텔라 30g
마시멜로우 9개
헤이즐넛 5개
초콜릿소스 15ml

[만드는 법]

1　브레드볼을 토스터에 넣고 3분간 웰던으로 굽는다.

2　구운 브레드 볼에 누텔라를 골고루 바르고 마시멜로우를 일렬로 올린다.

3　브레드볼을 250℃로 예열한 오븐에 넣고 1분~1분 30초 정도 굽는다.

4　중불로 달군 팬에 헤이즐넛을 넣고 2~3분 정도 노릇하게 구운 뒤 한김 식혀 굵게 다진다.

5　헤이즐넛을 뿌린 뒤 초콜릿소스를 뿌린다.

마시멜로우는 가지런히 올린다

마시멜로우를 가지런히 올리면 높이와 부피감이 살아나 눈을 사로잡는다. 산처럼 무심한듯 쌓는 방법도 있다. 마시멜로우 크기의 3배 정도 높이로 높게 올려야 한다. 이때는 오븐에서 굽거나 토치를 사용해 그을린다. 토치가 마시멜로우에 닿으면 바로 용암처럼 흘러내려 재미있는 볼거리를 선사한다.

남은 빵 활용

남은 빵을 좀 더 맛있게
먹을 수 있는 방법을 소개합니다.
나잉한 요리도 활용해시
오래 즐길 수 있는 방법입니다.

남은 빵을 가장 쉽게 활용하는 방법입니다. 3~4일 지난 빵의 가장자리를 잘라내고 하룻밤 상온에 건조시킵니다. 또는 50℃로 예열한 오븐에서 20분 정도 구워서 말립니다. 말린 빵을 블렌더에 넣고 곱게 갈면 빵가루가 완성됩니다. 밀폐용기에 담아두면 실온에서 7~10일, 냉동실에 3개월 정도 보관 가능합니다.

응용 메뉴 마늘빵가루홍합구이, 빵가루생선구이, 파스타베이크, 시금치치즈딥소스 등.

[재료]

빵가루 100g
마늘 다진 것 20g
버터 녹인 것 30ml
허브버터(p.30 참고) 30g
초록입 홍합 6개

마늘빵가루홍합구이

baked mussels with garlic bread crumbs

[만드는 법]

1 빵가루와 마늘, 버터를 볼에 넣고 숟가락으로 골고루 섞는다.
2 초록입 홍합 위에 1을 듬뿍 올린 다음 홍합 1개에 허브버터를 5g씩 올린다.
3 180℃로 예열한 오븐에서 5분 정도 굽는다.

⊢ 디저트 빵가루 ⊣

빵가루를 색다르게 즐길 수 있습니다. 견과류와 설탕시럽을 더하면 고소하면서 달콤한 맛이 되지요. 주로 디저트에 토핑으로 사용하며 취향에 맞는 견과류나 시나몬가루, 생강가루, 바닐라에센스 같은 향신료를 넣어서 만들면 됩니다. 한 번 만들어두면 7일 정도 먹을 수 있습니다. 밀폐용기에 담아 서늘하고 그늘진 곳에 보관하세요.

응용 메뉴 아이스크림, 요거트, 스무디, 오트밀 등의 토핑, 스위트 팝콘 등.

[재료]

빵가루 100g
피칸 30g
아몬드 30g
설탕 150g
물 75ml
치즈케이크 8조각

피칸빵가루와 치즈케이크

cheese cake topped with sweet pecan nuts bread crumbs

[만드는 법]

1 블렌더에 빵가루, 피칸, 아몬드를 넣어 곱게 갈고 넓은 볼에 담는다.
2 냄비에 설탕, 물을 넣고 센불로 끓이며 설탕이 완전히 녹도록 잘 젓는다.
3 약불로 줄이고 설탕시럽의 온도가 146℃ 또는 연한 갈색이 될 때까지 끓인 뒤 불을 끈다.
4 1에 시럽을 넣고 골고루 섞은 뒤 실온에서 5분 정도 굳힌다.
5 굳은 빵가루를 블렌더에 넣고 한 번 더 곱게 간다.
6 치즈케이크 위에 장식한다.

바게트 속에 조금이나마 수분이 있을 때 활용할 수 있는 방법입니다. 바게트를 0.3~0.5cm 두께로 얇게 슬라이스한 다음 버터를 바르고 180℃의 오븐에 10~15분 정도 구우면 완성됩니다. 일반 버터 외에 허브버터, 시나몬버터, 유자버터 등 원하는 맛의 버터를 사용하면 더욱 맛있어요. 밀폐용기에 보관하면 5일 정도 실온에 두고 먹을 수 있어요.

응용 메뉴 갈릭연유바게트칩, 미니 브루스케타, 치즈카나페 등.

[재료]

바게트 0.5cm 15쪽
버터 100g
연유 30g
마늘 다진 것 15g

갈릭연유바게트칩
sweet garlic baguette chips

[만드는 법]

1 바게트를 180℃로 예열한 오븐에 넣고 10분 정도 바삭하게 굽는다.

2 바게트를 꺼내어 식힌다.

3 상온에 둔 버터, 연유, 마늘을 볼에 넣고 골고루 섞는다.

4 바게트에 3의 갈릭연유버터를 듬뿍 바른다.

5 베이킹 트레이에 유산지를 깐 뒤 바게트를 올리고 180℃로 예열한 오븐에 10~15분 정도 굽는다.

────────── | 크루통 | ──────────

식빵의 가장자리를 잘라내고 작은 큐브 모양으로 잘라 정제버터에 튀겨낸 빵 조각을 크루통이라고 합니다. 버터를 약불에 데우거나 중탕하여 생긴 침전물 위의 맑은 기름이 정제버터인데, 여기에 식빵 조각을 넣고 약불에서 5~10분 정도 노릇하게 튀기면 됩니다. 밀폐용기에 담아두면 상온에서 7일 정도 보관 가능합니다.

응용 메뉴 샐러드, 수프, 파스타의 토핑, 토마토파프리카크루통구이, 오믈렛의 사이드디시 등.

[재료]
로메인 10장
달걀 삶은 것 2개
안초비 6쪽
파르메산 50g
크루통 15개
요구르트드레싱
· 플레인요구르트 45ml
· 마늘 다진 것 3g
· 올리브유 5ml
· 소금 약간
· 후추 약간

크루통샐러드
salad with anchovies and croutons

[만드는 법]
1 요구르트드레싱 재료를 모두 볼에 넣고 섞는다.
2 로메인은 손으로 큼직하게 뜯는다. 달걀은 0.5cm 두께로 둥글게 슬라이스하고 파르메산은 감자칼로 얇게 슬라이스한다.
3 그릇에 로메인, 달걀, 안초비, 파르메산을 담고 요구르트드레싱을 뿌린다.
4 크루통을 올려 완성한다.

아이들 간식이나 크루통, 빵가루를 만들 때는 식빵의 가장자리를 잘라냅니다. 버리기는 아깝지만 막상 먹으려면 퍽퍽하고 맛이 없어 꺼려지지요. 이럴 때 식빵 가장자리를 활용해 만드는 크러스트스틱을 소개합니다. 적당히 만들어 바로 먹는 것이 가장 좋지만 남았다면 밀폐용기에 담아 상온에서 2일 정도 보관 가능합니다.

응용 메뉴 크러스트시리얼스틱, 빵과 버터푸딩, 디저트 케이크의 베이스로 활용(티라미수의 레이디 핑거) 등.

[재료]

식빵 크러스트 15개
달걀 4개
우유 30ml
설탕 5g
아몬드시리얼 200g
식용유 약간
연유 약간

크러스트시리얼스틱

french toast sticks covered with cereal

[만드는 법]

1 넓은 볼에 달걀, 우유, 설탕을 넣고 골고루 섞는다.
2 달걀물에 크러스트를 넣고 적신 뒤 시리얼에 꾹꾹 눌러가며 코팅한다.
3 튀김용 냄비에 기름을 넉넉히 채우고 170℃로 달군 뒤 크러스트를 넣고 2~3분 정도 노릇하게 튀긴다.
4 튀긴 크러스트를 종이타월에 올려 기름을 빼고 그릇에 담는다.
5 연유를 곁들인다.

바게트는 구입한 즉시 먹지 않으면 하루만에 완전히 말라버립니다. 아쉬운 대로 전자레인지에 살짝 돌려서 먹지만 처음과 같은 맛이 아니라 버리는 일이 많지요. 수프를 끓일 때 말린 바게트를 넣어보세요. 수프가 걸쭉해지고 포만감도 줍니다. 단, 호박수프, 감자수프 같은 되직한 수프보다는 맑은 수프에 어울립니다.

응용 메뉴 따뜻한 수프, 가스파초, 프렌치어니언수프 토핑 등.

[재료]
바게트 4조각
강낭콩 150g
주키니 ⅓개
당근 ½개
쌈케일 10장
양파 ½개
마늘 다진 것 5g
올리브유 15ml
물 500ml
치킨스톡가루 15g
허브플레이크 5g
소금 약간
후추 약간

케일수프와 바게트
kale soup with baguette

[만드는 법]

1 강낭콩은 흐르는 물에 깨끗이 씻은 뒤 체에 받쳐 물기를 뺀다.
2 주키니는 1.5cm, 당근은 1cm 두께의 반달 모양으로 자른다. 쌈케일은 1cm 폭으로 채 썬다.
3 양파는 가로로 2등분, 세로로 2번 잘라 총 6조각으로 자른다.
4 중불로 달군 냄비에 올리브유를 두르고 1분 정도 볶다 마늘을 넣고 1분 정도 더 볶는다.
5 쌈케일을 넣고 2분 정도 볶아 숨을 죽인 뒤 물, 치킨스톡가루, 강낭콩, 주키니, 당근, 허브플레이크를 넣고 끓인다.
6 수프가 한 번 끓어오르면 약불로 줄이고 15~20분 정도 뭉근하게 끓인 뒤 소금, 후추로 간한다.
7 바게트를 넣고 1분 정도 더 익힌다.

파투시fattoush는 중동식 샐러드입니다. 중동 전통 피타브레드 pitta bread를 튀겨서 샐러드에 넣은 요리로 중동 지역에서는 살짝 마른 피타브레드를 기름에 튀겨 마치 크루통처럼 활용합니다. 다른 지역에서는 토르티야를 튀겨서 넣기도 합니다. 마른 식빵을 활용하여 중동식 크루통을 만들어도 맛있습니다. 튀긴 식빵을 종이타월에 올려 기름기를 최대한 빼고 밀폐용기에 넣으면 3일 정도 상온에서 보관 가능합니다.

응용 메뉴 딥소스와 곁들이는 크래커 대용, 수프 토핑, 칠리치즈크루통 등.

[재료]

식빵 3쪽
양상추 6장
방울토마토 5개
오이 ⅓개
청피망 1개
민트잎 10장
수막드레싱
· 올리브유 40ml
· 레몬즙 20ml
· 수막 5g
· 소금 약간
· 후추 약간
· 튀김용 식용유

파투시와 수막드레싱

fattoush with sumac dressing

[만드는 법]

1 식빵은 밀대로 최대한 얇게 밀고 하룻밤 정도 말린다.
2 170℃로 예열한 기름에 식빵을 넣고 진한 갈색이 되도록 자주 뒤집어가며 튀긴 뒤 기름을 뺀다.
3 수막드레싱 재료를 모두 볼에 넣고 골고루 섞는다.
4 양상추는 먹기 좋은 크기로 뜯고 방울토마토는 가로로 2등분한다. 오이, 청피망은 한입 크기로 자른다.
5 그릇에 손질한 채소와 민트잎을 담고 식빵을 큼직하게 잘라 올린 뒤 수막드레싱을 뿌린다.

＊**수막**sumac
중동의 전통 향신료다. 특유의 새콤함이 있으며 은은한 꽃향이 난다. 온라인에서 구입 가능하지만 구하기 힘들다면 레몬즙을 수막 분량만큼 넣어도 좋다.

토스트

1판 1쇄 2018년 12월 3일
1판 8쇄 2024년 2월 9일

지은이 밀리
편집인 김도은

사진 심윤석, 이해리(studio sim)
디자인 이효진
마케팅 정민호 서지화 한민아 이민경 안남영 왕지경 황승현 김혜원 김하연 김예진
브랜딩 함유지 함근아 고보미 박민재 김희숙 박다솔 조다현 정승민 배진성
저작권 박지영 형소진 최은진 서연주 오서영
제작 강신은 김동욱 이순호
제작처 영신사

펴낸곳 (주)문학동네
펴낸이 김소영
출판등록 1993년 10월 22일 제2003-000045호
임프린트 테이스트북스 taste BOOKS

주소 10881 경기도 파주시 회동길 210
문의전화 031)955-3576(마케팅), 031)955-3572(편집)
팩스 031)955-8855
전자우편 editor@munhak.com

ISBN 978-89-546-5368-8 13590

• 테이스트북스는 출판그룹 문학동네의 임프린트입니다.
  이 책의 판권은 지은이와 테이스트북스에 있습니다.
  이 책 내용의 전부 또는 일부를 재사용하려면 반드시 양측의 서면 동의를 받아야 합니다.

www.munhak.com